鄂尔多斯盆地上古生界流体赋存特征及成藏机制

王晓梅　赵俊峰　著

中国石化出版社

图书在版编目(CIP)数据

鄂尔多斯盆地上古生界流体赋存特征及成藏机制 / 王晓梅，赵俊峰著．—北京：中国石化出版社，2021.12
ISBN 978-7-5114-6481-1

Ⅰ.①鄂… Ⅱ.①王… ②赵… Ⅲ.①鄂尔多斯盆地-晚古生代-油藏-研究 Ⅳ.①P618.130.2

中国版本图书馆 CIP 数据核字(2021)第 257395 号

中国石化出版社出版发行
地址：北京市东城区安定门外大街 58 号
邮编：100011　电话：(010)57512500
发行部电话：(010)57512575
http://www.sinopec-press.com
E-mail：press@sinopec.com
北京富泰印刷有限责任公司印刷
全国各地新华书店经销
*
710×1000 毫米 16 开本 8.25 印张 204 千字
2022 年 4 月第 1 版　2022 年 4 月第 1 次印刷
定价：58.00 元

目　录

第1章 绪 论

鄂尔多斯盆地上石炭统和下二叠统为滨浅海海陆交互相含煤沉积，中、上二叠统为陆相碎屑岩沉积，“广覆式”生烃和“满盆砂”的空间分布格局使盆地内上古生界富集了丰富的致密砂岩天然气资源(付金华，2001；陈全红，2007)。勘探实践证明，鄂尔多斯盆地上古生界大面积含气，在上古生界本溪组、太原组、山西组、下/上石盒子组及石千峰组均发现工业气藏，已探明苏里格、榆林、乌审旗、子洲、大牛地等5个大气田。然而，随着天然气勘探程度的不断提高，开发井产水现象日益严重。以苏里格西区上古生界为例，主要的产气层盒8段、山1段共计289口试气井406个数据点，其中，产水井约占二分之一。生产动态资料显示，苏里格西区致密砂岩气藏产水层位不定，水量大小不一，气藏内缺乏气水分异，气水分布规律十分复杂。高产出水严重制约了天然气产量的提高，也给勘探部署工作造成了障碍。

目前，对鄂尔多斯盆地上古生界的流体分布规律还缺乏系统研究和深入认识。早期观点认为，鄂尔多斯盆地上古生界气水宏观分布上显示出盆地边缘含水、盆地中央普遍含气的趋势，含气范围内零星产水。但是伴随着勘探程度的加大，盆地内部尤其是苏里格气田西区出现了大量试气井产水。长庆油田早期研究认为，鄂尔多斯盆地上古生界气藏类型属于岩性气藏，但传统的岩性气藏具有明显的气藏边界，对于该盆地气藏大面积分布、气藏边界不明确和气水分布复杂缺乏合理的解释。尽管前人对鄂尔多斯盆地上古生界流体分布规律展开了大量的研究，但由于大部分试气井都开展于压裂增产措施之后，在研究中大都忽略了试井产水是否能够代表地层水，是否是在同一连通体系中讨论气水的空间分布格局。在复杂气水分布的表象背后，地层水在成藏过程中的所起的作用是什么？致密砂岩产水的性质、作用研究是评价和勘探致密砂岩天然气资源过程中值得深入探索的问题之一(Cumella等，2008)。

因此，系统开展鄂尔多斯盆地上古生界致密砂岩储层流体赋存特征和成藏机制研究，不仅对于探索鄂尔多斯盆地上古生界气藏类型、成藏机理等问题具有重要意义，同时，对于国内外同类型储层的勘探开发也具有一定的借鉴价值。

本书主要以鄂尔多斯盆地东部榆林-子洲和西部鄂托克旗地区两个地区为例(图1-1)，分析致密砂岩中流体的赋存特征和天然气成藏机制。

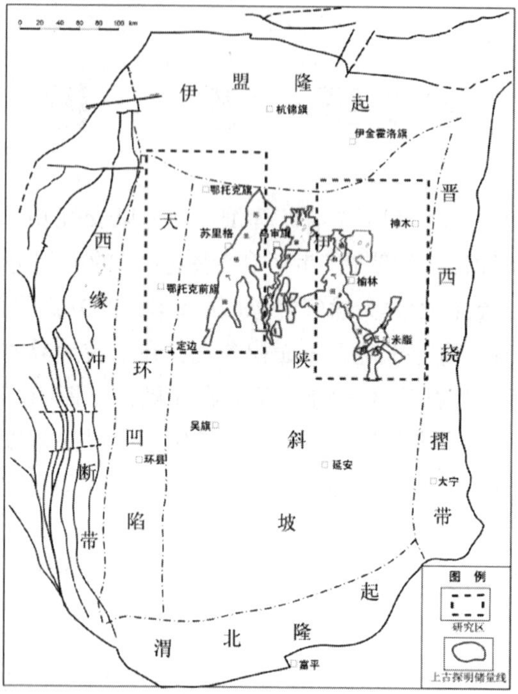

图 1-1　本书主要涉及研究区位置示意图

第 1 节　地层水研究现状

通常情况下，地层水是指沉积盆地处于中深层部位的水，主要包括原生水、成岩水、下渗大气降水和下渗海水等，不包括地表水和水文地质学研究范畴的浅层地下水(孙向阳，2001)。沉积盆地地层水是盆地演化过程中流体–岩石相互作用、流体流动及其混合作用等的综合反映，与油气伴生的地层水化学性质往往会反映出原油与天然气的某些特征，地层水动力条件及演化则反映了盆地流体流动样式及演化规律。因此，关于地层水的研究很早就引起国内外广大学者的重视。

一、地层水的成因和演化研究

由于地层水具有流动性和弥散性的特点，其成因和演化至今仍是一个令人困惑的科学问题。国内外学者提出的有关卤水成因的理论主要有“原生成因说(岩浆水)”“渗滤成因说(大气降水和地表水)”“沉积成因说(沉积成因水)”和“有机成因说(有机成因水)”等几种(刘方槐等，1991)。一般认为，沉积盆地内的地层水(包括油气藏水)有 4 种基本来源，即地表水、海水、蒸发残余水及变质水(王大锐，2000)。

目前，地层水成因研究广泛应用的研究方法包括地层水化学成分、氢氧同位素(^{18}O 和 D)、锶同位素($^{87}Sr/^{86}Sr$)和微量元素。同位素水文地质学是 20 世纪 60 年代发展起来的一门新兴学科，同位素方法为研究地下水提供了一种新的有效手段。^{18}O 和 D 是稳定同位素，通过地下水和当地大气降水中^{18}O 和 D 含量值的对比，可以初步确定地下水的成因(Criag，1961)。随着油田水封闭性、水-岩反应增强，$\delta^{18}O$ 逐渐从矿物相转移到流体相中，$\delta^{18}O$ 值升高(林耀庭等，1999；蔡春芳等，2000)。地层水 Sr 同位素含量比值能够反映所流经区域岩石、矿物的同位素成分特征，因此，可以用^{87}Sr、^{86}Sr 含量比值判断发生水岩反映矿物的种类和水体的连通性(叶萍等，2006；Roger J. Barnaby 等，2004)。溴常以 Br^- 形式存在，溴浓度受蒸发浓缩控制，当海水蒸发时不能形成自己的矿物，因此，人们常用 Carpenter 建立的溴与各种离子在海水蒸发过程中的浓缩趋势对比研究油田水的化学演化(蔡春芳等，1996 ；P. Birkle 等，2002；Ye Zhang 等，2009)。通过地层水中 Cl^-、HCO^{3-} 以及 Na^+、K^+、Ca^{2+} 的关系，阐明了地层水的流体-岩石相互作用(曹海防等，2006；李鹏春等，2007；王建麾等，2009)。

学者们关于鄂尔多斯盆地地层水的成因开展过一定程度的研究(张文忠等，2008；王晓梅等，2008；过敏等，2009；朱亚东等，2008；杨绪充，1989；楼章华等，1998，2001；朱蓉等，2003；魏新善等，2009)。前人根据水化学和氢氧、锶同位素特征研究认为，鄂尔多斯盆地上古生界地层水来源为沉积成因水(朱亚东等，2008；窦伟坦等，2010)。

二、地层水的水化学特征与油气成藏关系

常规资料的流体地球化学综合分析是确定盆地流体来源、运动方向的重要途径。油田水化学组分伴随地质体的演化，经受了不同来源水之间的混合过程、沉积矿物与水之间的反应过程，以及地层水的蒸发浓缩过程等多种因素的影响，造成了油田水化学场在平面上的分区性和剖面上的分带性。在油田中广泛应用的苏林分类，不仅结合了水中几种主要离子的当量比例和水形成的环境，将水划分为 Na_2SO_4型、$NaHCO_3$型、$MgCl_2$型及 $CaCl_2$型。通过地层水中矿化度、离子含量、钠氯系数、脱硫系数等参数的分布特征，可以将地层水化学动力带分为地层水交替流畅带、交替阻滞带和交替迟缓带 3 类，其中，交替迟缓带是油气富集的区域(张小莉等，2007；张宗峰等，2009)。根据水化学特征及与天然气藏的关系，提出了天然气藏富集区(或含气区)的水化学综合辨识指标(陈中红等，2009；张琴

等，2009 年；李贤庆等，2002）。王运所等(2010)研究认为，鄂尔多斯盆地少量钻井钻遇的地层水具有很低的矿化度，推测与有机质的成熟度关系密切。

三、古今流体动力特征

水动力场与水化学场是盆地水文地质过程中两种不同的表现形式(赵克斌等，2008)。一个沉积盆地的地下水动力学背景，导致不同地区地下水动力之间既有联系，又有区别。地层水动力条件及演化则反映了盆地流体流动样式及演化规律。流体研究是油气生、运、聚动态过程中的核心问题(王震亮，2002)。楼章华研究认为，含油气沉积盆地地下水动力场可以划分为泥岩压实水离心流、大气水下渗向心流、(层间)越流和越流−蒸发泄水、滞流 4 种局部水动力单元类型；并通过现今地下水动力特征，揭示了松辽盆地的水动力体系组成及地层水成因。鄂尔多斯盆地中部上三叠统延长组至白垩系的中生界现今地下水动力系统由浅至深分为：浅部相对开启带、中部过渡带和深部相对封闭带 3 个带。朱蓉等(2003)从水动力场出发分析认为，现今鄂尔多斯盆地上古生界地层水为渗入成因水。

20 世纪 80 年代，国内许多知名学者主要通过泥岩压实曲线研究确定古孔隙流体压力，进一步分析油气运移条件(陈荷立等，1987，1988；陶一川等，1986；李明诚，1986；田世澄等，1986)。在此期间，“流体势是驱动油气运移聚集的流体动力”的观点得到认可(陶一川等，1986)。20 世纪 90 年代以来，在恢复地层埋藏史的基础上，古流体势的分布和演化规律成为重要的研究方向(王震亮，2000；杜强等，2000；邓林等，2000)。

四、特定地层水赋存状态下的天然气成藏效应

1. 岩性气藏形成中的气水分布

油气运移过程中，由于毛细管力的作用，孔喉半径大、渗透性好的储层中的水容易被油排替，形成油层；而孔喉半径小、渗透性差的储层中的水不易被油排替，为水层(邢正岩等，2000)。透镜状“水包油”特殊岩性油藏现象的主要原因，是在沉积过程中储集层岩性有一定变化，经成岩演化后储集层物性、储集层非均质严重。成藏模拟实验和勘探实践表明，天然气主要富集在大套砂岩中砂体颗粒较粗、物性较好的部位(杨威等，2010)。

Shanley 等(2004)研究认为，低渗透油气藏为常规的构造圈闭、地层圈闭或复合圈闭，其复杂的气水分布规律归因于其原始含水饱和度和相对渗透率的非均质分布。胡朝元等(2010)研究认为，鄂尔多斯盆地上古生界大气田具有大面积产纯气，无明显边水、底水，基本上呈低压等特点，这与天然气藏性质由侏罗纪至

早白垩世的深盆气演变为现今特殊类型的岩性气藏有关。

2. 深盆气形成中气水倒置模式

J. A. Masters 于 1979 年提出了“深盆气”概念。近年来，鄂尔多斯盆地上古生界的研究是人们普遍关注的热点问题之一，早期形成了以深盆气理论为代表的一系列认识(傅诚德，2001)。深盆气显著的标志是，上倾高部位含水、低部位含气，呈现“气水倒置”的展布态势；地层普遍含气且压力异常(张金川，2006；Law，2002)。

在“深盆气”形成过程中，烃源岩生、排出的游离相态的天然气进入致密的储层后，在气体膨胀力和浮力的共同作用下，天然气克服因储层半径小而产生的毛管力和上覆静水压力向上运移，并大规模地排驱孔隙水，造成气下水上的倒置现象。在力平衡边界点以上，储层的孔喉半径较大，气柱的浮力能够克服毛管力等的束缚而独自向上运移，在这种情况下，只有遇到盖层后才能形成常规气藏；在力平衡边界点以下，储层的孔喉半径较小，气柱的向上膨胀力和浮力之和小于气水边界处向下的毛管力与上覆水柱压力之和，天然气能够富集成藏(马新华等，2002)。

研究表明，除深盆气形成的鼎盛时期气藏内不含水之外，深盆气形成演化的各个时期都是含有水的，这些水可以是深盆气形成前的孔隙水(在深盆气形成的建设时期)，也可以是深盆气萎缩时期地层水进入局部高孔渗砂体形成的“岩性”气藏中的底水(王世艳等，2007)。

3. 大面积“连续油气藏”中的气水分布

在低渗透砂岩中，微产水常常被认为是由天然气凝析作用所产生的，因此，天然气藏的原始含水饱和度为束缚水饱和度。缺乏气水分界和广泛的气显示导致浮力很小或不存在的结论，可进一步得知盆地规模的天然气聚集为非常规圈闭(Cumella 等，2008)。

深盆气的理论不能解释鄂尔多斯盆地内上古生界气藏中出现的不同程度的产水现象。1995 年，美国地质调查局在全美油气资源评价会议上基于非常规资源评价提出了“连续”油气聚集的概念(Gautier 等，1995；Schmoker，1995)，泛指在含油气盆地的致密砂岩、煤层、页岩等非常规储层中，大面积聚集分布、缺乏明确油气水界面的油气聚集。连续性油气藏主要分布在盆地斜坡或向斜部位，储层为低孔渗或特低孔渗(孔隙度小于 10%，渗透率为 $1\times10^{-12}\sim1\times10^{-3}\mu m^2$)，油气运聚中浮力作用受限，大面积非均匀性分布，以源内或近源、无运移或一次运移为主，异常压力(高压或低压)，油气水分布复杂(邹才能等，2009)。在国内塔里木盆地塔河油田奥陶系油藏、四川盆地须家河组气藏和鄂尔多斯盆地苏里格西区上古生界气藏均为储集层非均质严重，且均具有气水分布规律复杂的特征(夏崇双，2002；朱蓉等，2008；杨威等，2010)。本书针对鄂尔多斯盆地天然气大面积准连续分布(赵靖舟等，2010；赵靖舟等，2012)的情况，提出了准连续型致密砂岩天然气成藏模式。

长期以来，鄂尔多斯盆地上古生界的气水分布研究受到人们的普遍重视。早期认为，鄂尔多斯盆地上古生界气水宏观分布上显示出盆地边缘含水、盆地中央普遍含气的趋势，含气范围内零星产水(刘孝汉等，1998 年；朱蓉等，2003；闵琪等，2000；马新华，2005)。李建奇等(2005)的研究成果表明，靖边气田奥陶系烃向东运移，进入东部构造高部位，而水体向西排出，这就造成今天相对富水区大多在气田西部的格局。王世艳等(2007)研究认为，鄂尔多斯盆地苏里格盒 8 段深盆气藏主要存在具有气水同层的常规透镜体砂岩气藏的底水和位于深盆气藏的气水过渡带局部高孔渗砂岩体“岩性”气藏的底水两种不同成因类型的水层。邹才能等(2009)研究认为，四川盆地上三叠统须家河组煤系大气区和鄂尔多斯盆地长 6 组是连续油气藏的典型代表。

目前，在鄂尔多斯盆地上古生界流体赋存特征和成藏机制研究中，迫切需要回答以下问题：

（1）试气产水的类型和性质。

（2）流体空间分布规律。

（3）地层水的微观赋存机理。

本书将立足于上古生界地层水的类型、来源及空间分布格局，开展流体赋存特征和成藏机制研究，以期对致密砂岩气的勘探和开发提供可靠的科学依据。

第 2 节　本书撰写思路

在充分调研国内外相关领域先进的研究方法和测试手段的基础上，以动态的成藏过程和静态的微观储层孔隙结构相结合的研究思路，综合钻井、测井、岩石薄片、铸体薄片、水分析、渗流实验等静态资料和试气、试采、温压等动态资料，在分析鄂尔多斯盆地上古生界地层水的类型、来源及空间分布格局的前提下，结合地层水的化学特征和天然气富集规律，重点剖析了天然气和地层水在微观孔隙结构中的赋存特征和机理，探讨了鄂尔多斯盆地天然气成藏机制和气藏类型。

鄂尔多斯盆地东部榆林–子洲和西部鄂托克旗地区是上古生界天然气的主要富集区，流体空间分布特征明显不同。本书中选取了两个解剖区进行对比分析，以期揭示其影响因素和成因。

（1）根据钻井、岩心测井、试气等静态资料和试采、温压等动态资料相结合，明确了鄂尔多斯盆地不同层位气、水层分布特征，确定了气、水层的宏观空间分布格局。

（2）通过地层水矿化度、水化学特征系数、水型、试气和压裂特征，结合鄂尔多斯盆地已有地层水研究现状，判识了地层水的类型；通过含气区和气水同产区的同位素地质学和微量元素的综合分析，确定了地层水的来源；通过水化学特征和天然气分布规律分析，明确了天然气富集的地层水化学特征。

（3）通过对比分析天然气和地层水分布砂岩储层的沉积相、成岩相和地层压力差异性，探讨了宏观地质因素对流体分布的影响。

（4）通过致密储层微观孔隙结构的分析，利用扫描电镜、铸体薄片和压汞等分析测试手段，分析了鄂尔多斯盆地不同类型流体赋存的微观孔隙结构特征，并探讨了其形成机理。

（5）通过压实研究和包裹体分析恢复鄂尔多斯盆地古今压力演化史，在结合鄂尔多斯盆地成藏动力和输导体系等静态成藏要素分析的基础上，探讨了鄂尔多斯盆地上古生界天然气的成藏机制。

第2章 区域地质背景

本章简要介绍了鄂尔多斯盆地上古生界地层、沉积和构造格局及其演化特征，以此作为鄂尔多斯盆地上古生界流体赋存特征和天然气成藏机制研究的基础和背景。

第1节 地层与沉积特征

鄂尔多斯盆地上古生界天然气资源十分丰富，现已在上古生界本溪组、太原组、山西组、石盒子组及石千峰组均发现工业气藏。多个气藏在平面上复合，形成苏里格气田、乌审旗气田、米脂气田、榆林气田和子洲气田等大气田，各气田均具有多层系复合含气特点。

一、上古生界地层

通过鄂尔多斯盆地周边露头和井下岩石地层特征研究，按照多重地层划分方案，将鄂尔多斯盆地上古生界从下至上划分为上石炭统本溪组、下二叠统太原组和山西组、中二叠统下石盒子组和上石盒子组、上二叠统石千峰组。

鄂尔多斯盆地上古生界具有多层系复合含气特征，可以划分出上部成藏组合(石千峰组-上石盒子组)、中部成藏组合(下石盒子组-山西组山1段)和下部成藏组合(山西组山2段-本溪组)三大成藏组合(据傅锁堂等，2009)。

二、上古生界沉积特征

鄂尔多斯盆地从晚石炭世本溪期开始下降接受沉积，上石炭统和下二叠统为滨浅海海陆交互相含煤沉积，中上二叠统为陆相碎屑岩沉积。而鄂尔多斯西缘石炭纪沉积岩性岩相与北祁连一致，从晚石炭靖远期开始接受沉积，石炭系和下二叠统厚度较大，为海陆交互相含煤沉积。中上二叠统沉积与鄂尔多斯盆地本部一致(严卫宏，2002)。在地层剖面中，总体上从下石盒子组盒8段开始，泥岩从黑色开始向红色过渡，并且由含煤岩系向非含煤岩系转变(陈全红，2007)。古气候由亚热带温湿气候(本溪-山西期)依次过渡为半温湿气候(下石盒子期)、半干热气候(上石盒子期)、干热气候(石千峰期)，呈现出有序的规律性演化(图2-1)。

从岩石类型来看，石千峰组和上石盒子组多为红色长石砂岩序列；下石盒子组和山 1 段为杂色、灰色岩屑砂岩序列；山 2 段、太原组和本溪组为浅灰、灰白色石英砂岩序列。

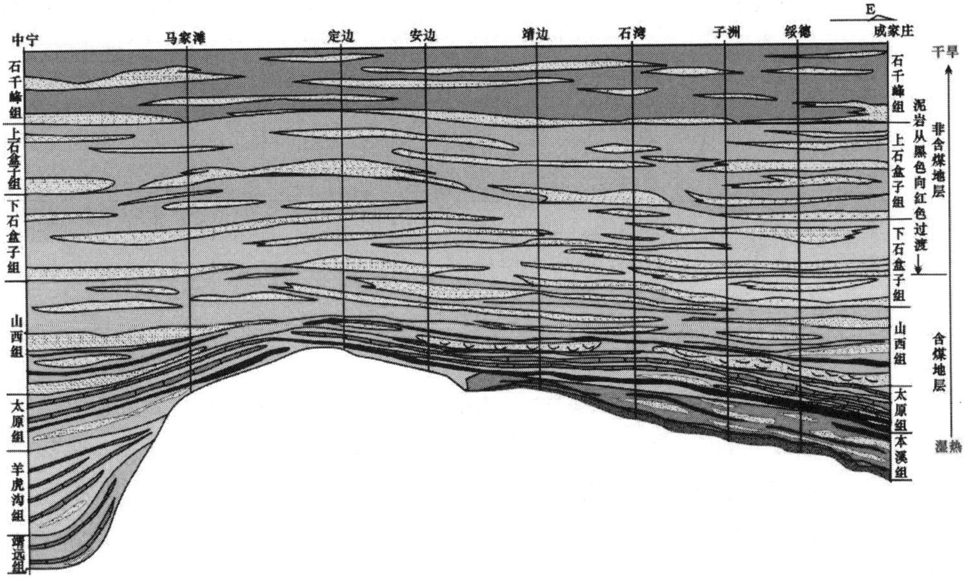

图 2-1　鄂尔多斯盆地上古生界东西向地层剖面结构及变化特征(据陈全红，2007)

第 2 节　沉积–构造格局及演化

鄂尔多斯盆地发育在华北克拉通之上，是一个多旋回叠合型盆地。其结晶基底经过太古代微陆块拼接和古元古代的裂陷再造，于古元古代末期最终固结，之后进入统一、稳定的华北克拉通沉积盖层发育阶段，开始了沉积盆地的演化历史，其上覆先后发育中上元古界、古生界、中新生界沉积盖层。其形成和演化明显受古亚洲、特提斯、滨太平洋三大构造域的影响和控制。鄂尔多斯盆地发展经历了早古生代陆表海、晚古生代滨海平原、中生代内陆湖盆和新生代周边断陷 4 个阶段(闵琪等，2000)。鄂尔多斯盆地至上古生界，广泛发育的陆表海沉积由于受到加里东运动的影响而终结，后期经历了长期的抬升剥蚀作用，主体缺失晚奥陶统–早石炭统地层。至晚石炭世，在海西运动的影响下，秦岭–祁连及中亚–蒙古海槽再度拉开，该区再度发生沉降并接受海相沉积，进入海陆过渡发展阶段，其上古生界地层依次发育本溪组、太原组、山西组、下/上石盒子组和石千峰组(据郭德运，2009)。

一、本溪期–山西期

晚石炭世本溪期是鄂尔多斯地区上古生界沉积发育史的一个重要转折阶段，自此，鄂尔多斯地区开始缓慢沉降，海水从东部、东南部侵入，形成东高西低的构造格局(据郭德运，2009)。在中央古隆起以东广大地区，华北海域地形平坦，地层厚度小而稳定。

早二叠世太原期随着地壳的持续下降。海侵范围进一步扩大。海水自东西两侧逐步向中部古隆起侵并汇合，盆地东部沉积中心迁移至 Sh172 井–Sh158 井以北及子洲、绥德一带(据郭德运，2009)。随着盆地沉降，海水自东西两侧分别向中央古隆起和向北扩大，使中央古隆起位于水下，东、西两侧形成一个统一的海域(据王国茹，2011)。

早二叠世太原期末，受到中晚期海西运动的影响，华北地块整体抬升，海水从盆地东、西两侧迅速退出，盆地性质由陆表海盆演变为近海湖盆，沉积环境由海相多转变为陆相，东西差异消失，南北差异增强，延长、富县、宜川、吴旗地区成为盆地沉降中心(据郭德运，2009)。至早二叠世山西期山 2 气层组沉积时，北部物源区快速上升，沉积作用也随之增强，沉积厚度总体在 45～60m 之间，东部地区可高达 75m 以上，在鄂尔多斯盆地形成大面积的砂体富集区。

早二叠世山 1 期，由于北部区域构造活动的逐渐稳定，物源供给减少，盆地相对发生较大规模的湖侵，其古地理面貌与山 2 期发生了比较大的改变(据郭德运，2009)。

二、中二叠世下石盒子期

下石盒子期，兴蒙海槽西段褶皱关闭，受其挤压应力的影响，北部的阿拉善、阴山古隆起进一步抬升，坡度随之变陡，来自北部剥蚀区的大量碎屑物质由河流携入该区，造成冲积平原相区迅速向南扩大，迫使湖水向南退去的同时，三角洲体系快速向湖中推进，致使三角洲前缘相区增大(高星，2009)。

第 3 章　流体的空间分布特征

流体的空间分布是研究流体赋存特征的基础。本章根据钻井、测井、试气等静态资料，并结合试采、温压等动态资料，选择鄂尔多斯盆地上古生界的天然气富集区盆地东部和鄂托克旗地区进行分析，明确其气、水层的宏观空间分布格局。

第 1 节　盆地东部气、水层分布特征

一、气、水平面分布

鄂尔多斯盆地东部上古生界共统计了 417 个试气数据点：下部成藏组合平均产气、水量明显高于中部成藏组合(图 3-1、表 3-1)。下部成藏组合本溪组和上部成藏组合千 5 段试气井数据点少且单井产量高，因而平均气产量值高。除此之外，盆地东部上古生界不同层系中山 2 段的气、水产量都是最高的，山 2 段平均产气量达 $3.31\times10^4m^3/d$，平均产水量达 $14.57m^3/d$。

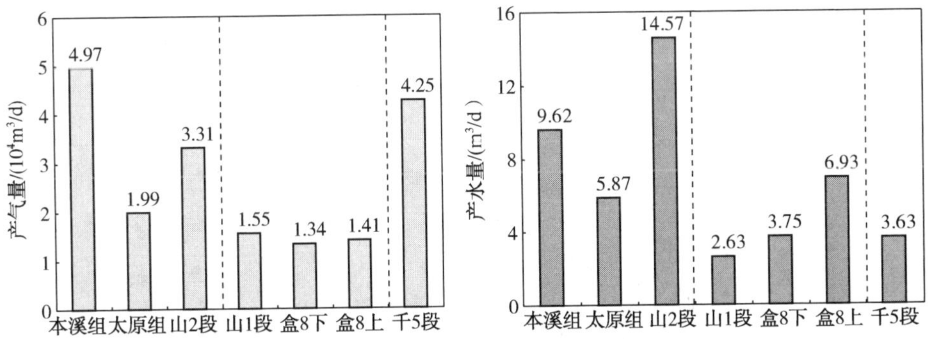

图 3-1　鄂尔多斯盆地东部上古生界不同层位气、水产量对比图

统计中产水井不包括产水量小于 $1m^3/d$ 的井；产气井不包括产气量小于 $0.1\times10^4m^3/d$ 的井

在平面上，下部成藏组合产气井分布面积为山 2 段大于太原组大于本溪组。山 2 段产气井主要分布在榆林-米脂以西的榆林气田和子洲气田，产水井分布在

产气区的南部和西部地区(图 3-2)。中部成藏组合产气井分布面积为盒 8 下段大于盒 8 上段大于山 1 段，产气井主要分布在榆林-子洲以东地区。上部成藏组合产气井分布在神木-佳县以西的局部范围。

表 3-1　鄂尔多斯盆地东部上古生界不同层位气、水产量对比表

层位	产气量/($10^4m^3/d$)	产气量数据点	产水量/(m^3/d)	产水量数据点
千 5 段	4.25	15	3.63	6
盒 8 上	1.41	56	6.93	4
盒 8 下	1.34	78	3.75	26
山 1 段	1.55	38	2.63	6
山 2 段	3.31	136	14.57	31
太原	1.99	72	5.87	22
本溪	4.97	22	9.62	4

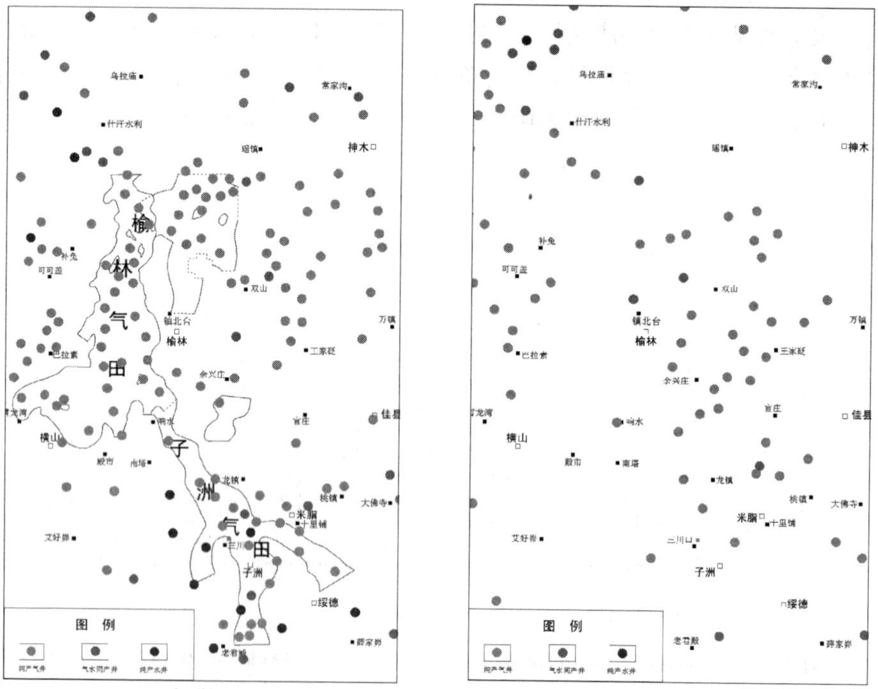

(a) 山2段　　(b) 盒8下段

图 3-2　鄂尔多斯盆地东部不同层位气水井平面分布图

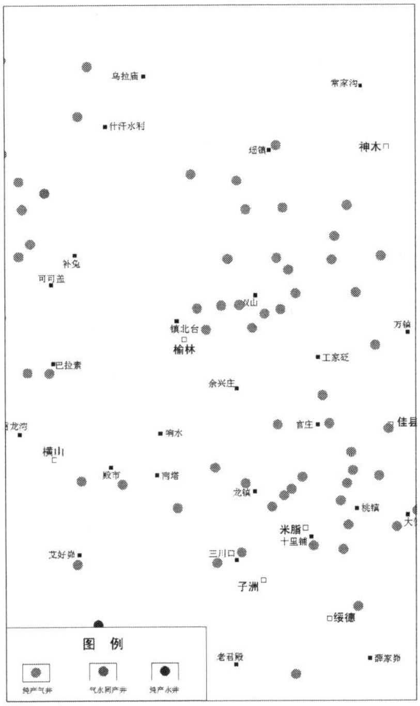

(c) 盒8上段

图 3-2　鄂尔多斯盆地东部不同层位气水井平面分布图(续)

二、气、水纵向分布

鄂尔多斯盆地东部产气井主要位于气层厚度>4m 的地区。气层在山 2 段最发育，盒 8 段、山 1 段和太原组次之，本溪组和千 5 段的气层分布局限。

鄂尔多斯盆地下部成藏组合中，山 2 段和太原组气层平均厚度约 6.6m，明显优于本溪组气层平均厚度(4.2m)。中部成藏组合盒 8 下段气层平均厚度约 5.6m，盒 8 上段平均厚度约 4.9m，山 1 段平均厚度约 4.7m，中部成藏组合气层厚度平均值为盒 8 下段大于盒 8 上段大于山 1 段(图 3-3)。

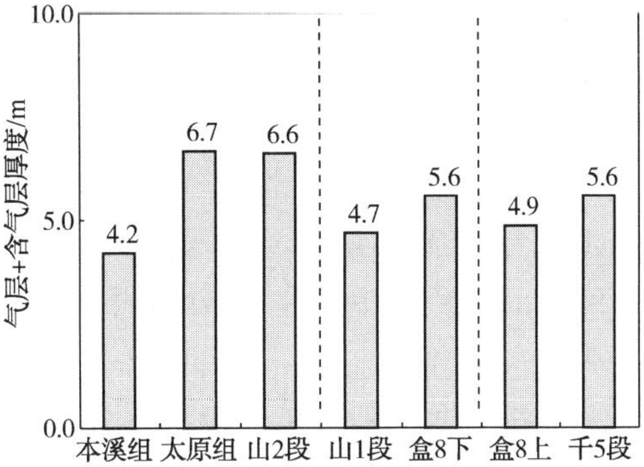

图 3-3　鄂尔多斯盆地东部上古生界不同层位气层厚度平均值

鄂尔多斯盆地下部成藏组合气层自下至上横向连通性增强，山 2 段由南向北气层厚度增大，气层纵向上互相叠置；水层纵横向上连通性差，在同一连通体系内，水层位于构造低部位。

第 2 节　盆地西部气、水层分布特征

一、气、水平面分布

盆地西部鄂托克旗地区盒 8 段、山 1 段共计 289 口试气井 406 个数据点：产水井所占比例近二分之一，产水量大小不一(表 3-2、图 3-4)。

表 3-2　鄂托克旗地区产水井统计表

层位	试气井/口	产水井/口	不同产水量井/口			
			水产量<1 m^3/d	$1m^3/d \leq$ 水产量 $<5m^3/d$	$5m^3/d \leq$ 水产量 $<10m^3/d$	水产量 $\geq 10m^3/d$
盒 8 上段	120	67	4	17	14	32
盒 8 下段	136	75	1	26	19	29
山 1 段	150	73	5	26	23	19

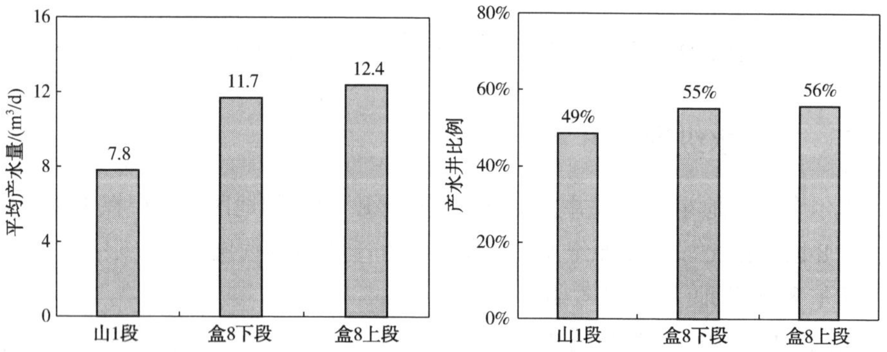

图 3-4　鄂托克旗地区不同层位产水量对比图

鄂托克旗地区山 1 段试气井 150 口，其中 73 口井产水，占试井井数的 49%，出水比率较高。最大产水量 35.2m^3/d，最小产水量 0.5m^3/d，平均产水量 7.8m^3/d。除 Su20-1 井、Su168 井、Su150 井和 Su388 井产纯水外，其余 69 口井均为气水同出。

鄂托克旗地区盒 8 下段试气井 136 口，其中 75 口井产水，占试井井数的 55%，出水比率较高。最大产水量 72.0m^3/d，最小产水量 0.45m^3/d，平均产水量 11.7m^3/d。除 Su73 井 、E19 井 、Su244 井、Su375 井、Su338 井、Su391 井、Su128 井和 Su168 井产纯水外，其余 67 口井均为气水同出。

鄂托克旗地区盒 8 上段试气井 120 口，其中 67 口井产水，占试井井数的 56%，出水比率较高。最大产水量为 $51m^3/d$，最小产水量为 $0.12m^3/d$，平均产水量为 $12.4m^3/d$。除 Su 60 井、Su 193 井、Su 358 井、Su 167 井和 Su 178 井产纯水外，其余 62 口井均为气水同出。

总体来看，鄂尔多斯盆地产水井主要分布在苏里格气田西北部。鄂托克旗地区山 1 段产水井在平面上相对集中在新召-布拉格苏木-苏里格-哈不哈乌素所围的范围内，在布拉格苏木-苏里格以南范围内零星分布(图 3-5)。盒 8 下段产水

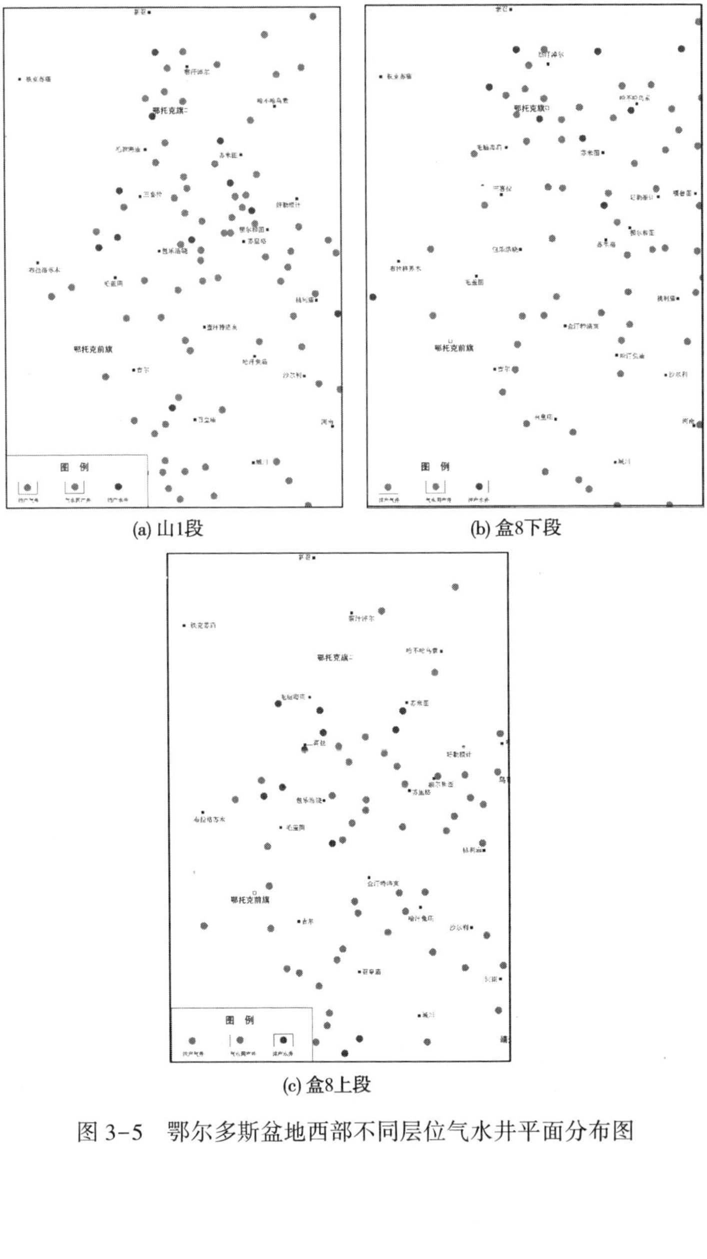

(a) 山1段　(b) 盒8下段

(c) 盒8上段

图 3-5　鄂尔多斯盆地西部不同层位气水井平面分布图

井在平面上分布比较广，相对集中在毛脑海庙-苏米图以北地区，毛脑海庙-苏米图以南地区产水井分布零星，向南产水井减少。盒 8 上段产水井平面上分布比较广，相对集中在毛脑海庙-苏米图-苏里格-布拉格苏木所围的范围内，该范围以外产水井分布零星。纵向上来看，埋藏变浅，产水井向南集中。

二、气、水纵向分布

1. 气层纵向分布特征

根据已有的钻井资料分析可知，鄂托克旗地区的主力气层为山 1 段、盒 8 下段和盒 8 上段砂体。山 1 段多以连续分布的单层气层为主，由于山 1 砂体厚度不大，致使山 1 气层厚度也不大，山 1 段气层平均厚度为 4.3m，展布长度不长，夹层相对较少。横向上气层不连续，纵向上互相叠置，多以透镜状分布(图 3-6、图 3-7)。

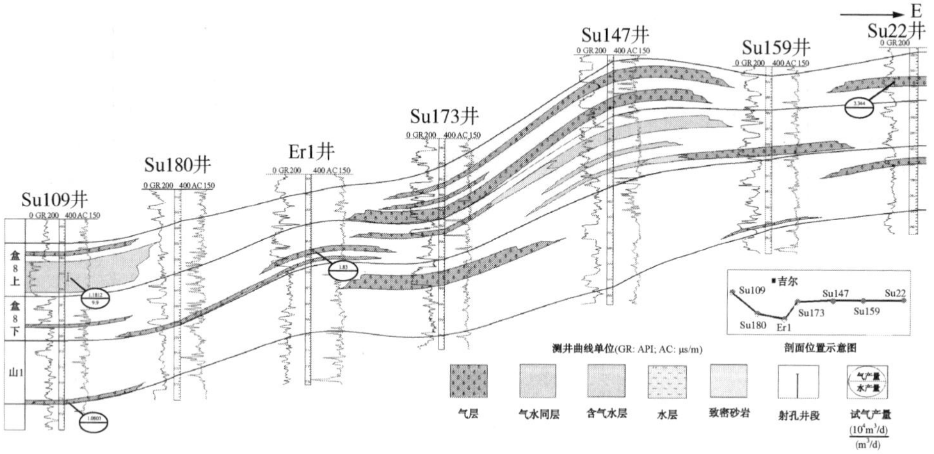

图 3-6　伊陕斜坡 Su109~Su22 井东西向剖面图

盒 8 段气层厚度比山 1 的大，盒 8 下段气层平均厚度为 4.8m，盒 8 上段气层平均厚度为 5.9m，分布面积广。盒 8 气层横向上不连续，纵向上互相叠置，整体呈条带状分布。

总体来说，鄂托克旗地区山 1 段、盒 8 段气层厚度从下至上依次增加，横向上气层不连续，纵向上互相叠置。

2. 水层纵向分布特征

测井解释为水层的地层不多，故其纵向分布没有气层连续性好，多以透镜状分布，或者分布在孤立的单砂体中(图 3-6、图 3-7)。测井解释主要为气水同层、含气水层和含水气层，它们在纵向上分布厚度相对较大，分布范围广。盒 8

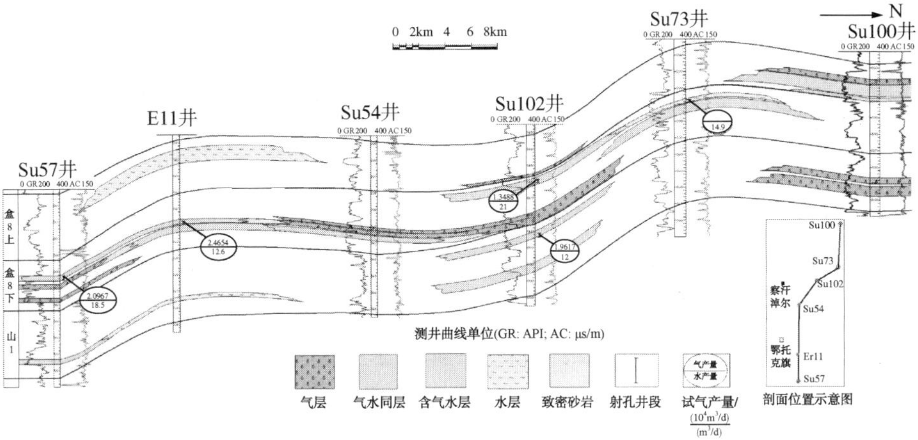

图 3-7　伊盟隆起 Su57～Su100 井南北向剖面图

段比山 1 段分布层数多，分布范围大。气水层平面与剖面分布特征表明，产水层段不受区域构造或海拔高程的控制，平面上缺乏统一的气水层分布边界。

鄂托克旗地区北部水层主要分布在山 1 段和盒 8 下段，主要为气水同层和含气水层，单层厚度小。鄂托克旗地区中部水层主要分布在山 1 段和盒 8 上段。仅为水层的地层只有 3 口井，主要为气水同层和含气水层。鄂托克旗地区南部水层主要分布在盒 8 下段和盒 8 上段，主要为气水同层和含气水层。

总的来说，鄂托克旗地区山 1 段、盒 8 段从下至上水层增多，盒 8 段连通性好于山 1 段 。水层由北向南减少，主要表现为气水同层和含气水层，水层不多。纵向上连通性差，横向上由南向北连通性增强，盒 8 段连通性好于山 1 段。

第 4 章　地层水化学特征及成因

致密砂岩探井的水分析样品往往是压裂后井口取得的水样，不可避免地受到钻井、完井、压裂、酸化等施工过程中的工程用水及凝析水的影响。通过地层水矿化度、水化学特征系数、水型、试气和压裂特征，结合鄂尔多斯盆地已有地层水研究现状，判识鄂尔多斯盆地上古生界产出水类型。进一步通过地层水氢氧同位素和微量元素溴的综合研究，确定地层水的成因。

第 1 节　地层水分类

为了研究地下水的成因及其与油气的关系，许多学者都对油气田地下水进行了分类，主要有：帕勒梅尔(Palmer，1911)分类，苏林(B. A. ЩУЛИН，1946)分类，肖勒(Schoeller，1955)分类，刘崇禧-孙世雄(1988)分类，奇巴塔雷夫(Chebotarev，1955)分类，以及博雅尔斯基(1970)分类。

一、分类标准

在水文地质学中，通常以阴阳离子的含量确定水型。在油田上广泛应用的苏林分类，由苏联专家苏林于 1946 年提出，目前得到了较为普遍的采用。天然水就其形成环境而言，主要可分为大陆水和海水两大类。苏林认为，大陆水含盐度低(一般小于 500mg/L)，其化学组成具有 HCO_3^- 含量 > SO_4^{2-} 含量 > Cl^- 含量，Ca^{2+} 含量 > Na^+ 含量 < Mg^{2+} 含量的相互关系，且 Na^+ 含量 > Cl^- 含量，Na^+、Cl^- 含量比 > 1。海水的含盐度较高(一般约为 35000mg/L)，其化学组分具有 Cl^- 含量 > SO_4^{2-} 含量 > HCO_3^- 含量，Na^+ 含量 > Mg^{2+} 含量 < Ca^{2+} 含量，且 Cl^- 含量 > Na^+ 含量，Na^+、Cl^- 含量比 < 1 的特点。苏林分类根据水中 Na^+、Cl^-、Mg^{2+}、SO_4^{2-} 这 4 种离子之间的当量比例，将水划分为 Na_2SO_4 型、$NaHCO_3$ 型、$MgCl_2$ 型及 $CaCl_2$ 型。

大陆淡水中以碳酸氢钠占优势，并含有硫酸钠；而海水中不存在硫酸钠。苏林就是根据上述认识，以 Na^+、Cl^- 含量比、($Na^+ - Cl^-$)、SO_4^{2-} 含量比和($Cl^- - Na^+$)、Mg^{2+} 含量比这 3 个成因系数，将天然水划分成 4 个基本类型(表 4-1)。

欧美国家一般采用 Davis(1965)根据地层水矿化度的划分标准，划分了 4 种地下水类型(表4-2)。

表4-1　苏林的天然水成因分类表

不同类型		成因系数(以毫克当量表示浓度比)		
		Na^+、Cl^-含量比	(Na^+-Cl^-)、SO_4^{2-}含量比	(Cl^--Na^+)、Mg^{2+}含量比
大陆水	硫酸钠型	>1	<1	<0
	碳酸氢钠型	>1	>1	<0
海水	氯化镁型	<1	<0	<1
深层水	氯化钙型	<1	<0	>1

表4-2　欧美国家地层水类型划分标准表(Davis, 1965)

分类	卤水(Brine)	盐水(Saline water)	微咸水(Brackish water)	淡水(Freshwater)
矿化度/(g/L)	>100	10~100	1.0~10	<1.0

二、盆地东部上古生界地层水类型

1. 地层水化学类型的判识

在勘探过程中，致密砂岩探井的水分析样品往往是压裂后井口取得的水样，这样就不可避免地受到钻井、完井、压裂、酸化等施工过程中的工程用水及凝析水的影响。为了准确认识地层水化学特征，根据收集到的66组水分析数据，剔除了伊盟隆起和盆地东缘13组数据，综合分析53组水分析数据和29组压裂施工数据绘制盆地东部正常地层水的水化学特征(图4-1)。地层中压裂液返排率达100%时，上部和中部成藏组合地层水的矿化度

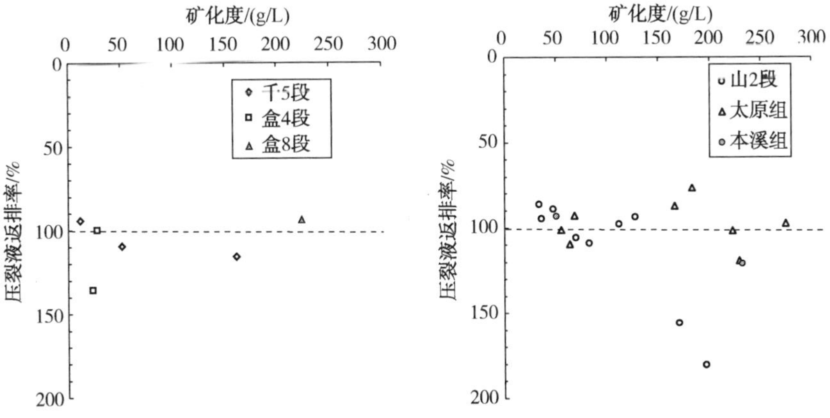

图4-1　盆地东部不同层位水化学特征参数和压裂液返排率关系图

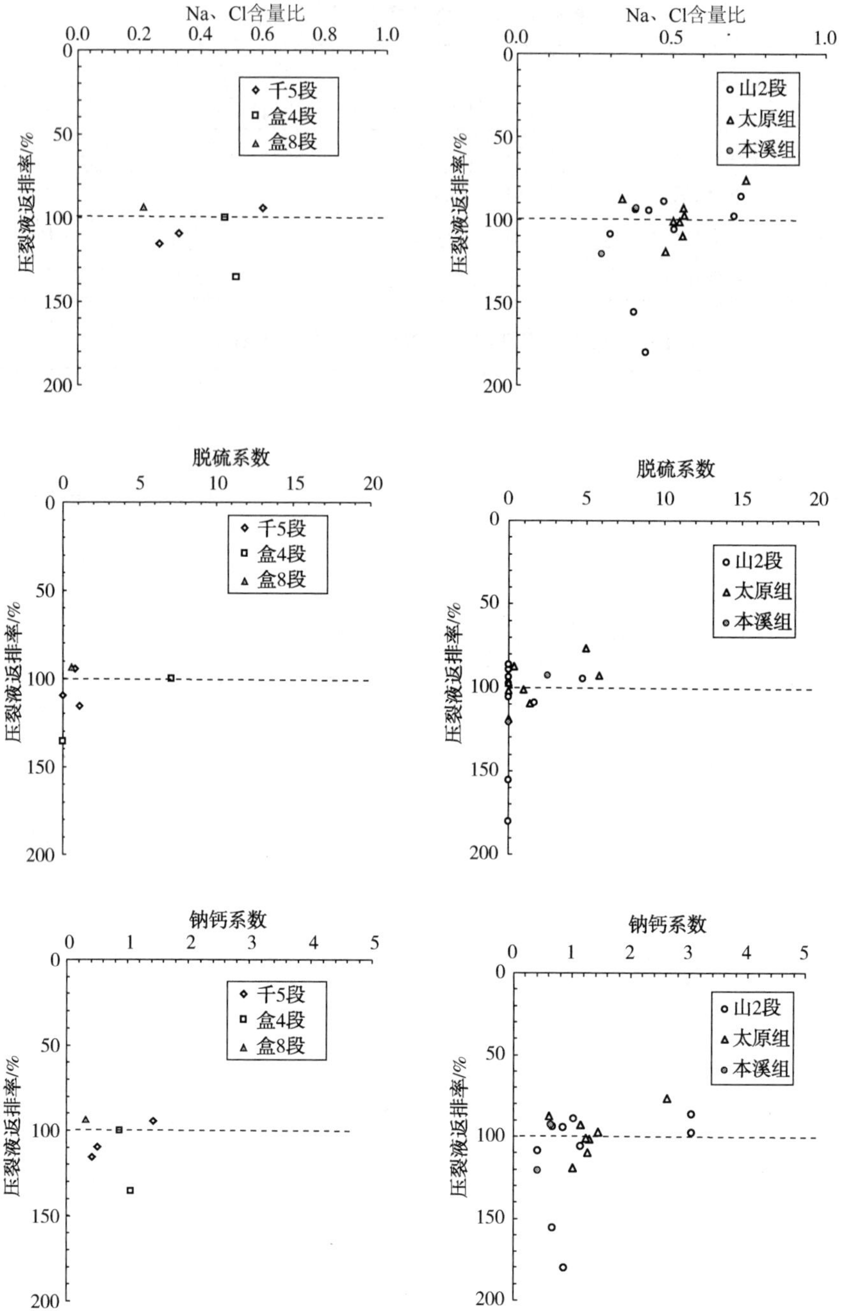

图 4-1　盆地东部不同层位水化学特征参数和压裂液返排率关系图(续)

>23g/L,下部成藏组合地层水的矿化度>56g/L；上部和中部成藏组合钠氯系数<0.51，下部成藏组合钠氯系数<0.70；上部和中部成藏组合脱硫系数<7.10，下部成藏组合脱硫系数<5.85；上部和中部成藏组合钠钙系数<1.07，下部成藏组合钠钙系数<3.04。

依据矿化度、水化学特征系数及水型，结合盆地东部已有地层水研究现状，将鄂尔多斯盆地山西组、太原组和本溪组产水分为正常地层水、淡化地层水和凝析水3类(表4-3)。

表4-3　盆地东部下部成藏组合水的识别标准

分类	正常地层水	淡化地层水	凝析水、压裂残液
矿化度/(g/L)	>50	20~50	<20
钠氯系数	<0.75	0.45~0.75	>0.75

根据盆地东部下部成藏组合43组产出水化学数据，鄂尔多斯盆地存在3种类型的产出水，其中正常地层水所占的比例最大，达到79%(图4-2)。

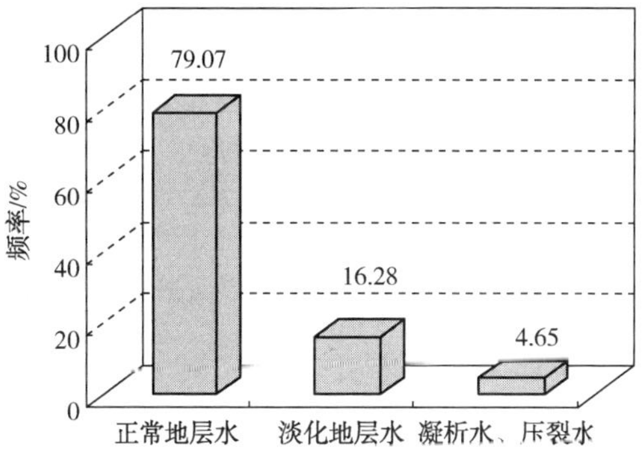

图4-2　盆地东部下部成藏组合产出水类型

2. 正常地层水化学特征

鄂尔多斯盆地东部上古生界下部成藏组合地层水总矿化度主要集中在51~275g/L，平均为142g/L，明显具有卤水的特点。该区地层水中阴离子含量最高的是Cl^-，含量达43~162g/L，平均为93 g/L；地层水中阳离子含量最高的是Na^++K^+，Na^++K^+含量达10~57g/L，平均为27g/L。该区地层水地层水主要离子浓度大小顺序为：Cl^-含量>(K^++Na^+)含量>Ca^{2+}含量>Mg^{2+}含量>HCO_3^-含量>SO_4^{2-}含量(表4-4)。鄂尔多斯东部上古生界地层水化学特征与我国其他含油气盆地的地层水比较可知，该区地层水属于中、高浓度，明显高于我国东部白垩系和古近系地层水的矿化度。

表 4-4　鄂尔多斯上古生界正常地层水化学特征及与其他含油气盆地的比较（据李贤庆等，有修改，2006）

项目		鄂尔多斯盆地东部	苏里格地区	塔里木盆地	吐鲁番盆地	酒泉盆地	松辽盆地	黄骅凹陷
pH 值		5~7	5~7	5~7	6~8	8~9	7~9	7~9
总矿化度/(mg/L)		51330~274922	35169~114270	22000~320000	2000~120000	6500~70000	960~14000	1300~50000
水型		$CaCl_2$型	$CaCl_2$型	$CaCl_2$型	$CaCl_2$型、Na_2HCO_3型	$CaCl_2$型	Na_2HCO_3型	Na_2HCO_3型
离子含量/(mg/L)	Na^++K^+	9998~56608	2259~16413	7821~88082	10000~40000	5281~39165	760~3183	374~11086
	Ca^{2+}	1100~53500	5728~26990	1182~24934	4000~4500	827~3567	5~265	10~326
	Mg^{2+}	76~17166	38~4759	91~5860	<1000	168~768	<32	6~1186
	Cl^-	43200~161924	20807~71578	12405~143310	10000~78000	7771~64397	635~7331	213~18877
	SO_4^{2-}	0~1846	0~19455	71~4700	<2500	185~1509	5~421	48~660
	CO_3^{2-}	0	—	—	—	—	61~252	15~75
	HCO_3^-	23~2416	0~605	29~1576	<4500	125~2009	644~2994	122~2212

沉积盆地地层水的化学特性是盆地沉积环境、地层水蒸发浓缩作用、水岩作用、流体流动及其混合作用等的综合记录。根据收集到的鄂尔多斯盆地山 2 段地层水水化学成分分析，盆地西部和伊盟隆起水化学成分相近，表明地层水具有同源性，而盆地东部山 2 段地层水矿化度平均达 142g/L，矿化度值明显高于其他地区。鄂尔多斯盆地东部米脂地区是奥陶纪盐湖的中心，岩盐储藏覆盖全县 $1212km^2$，盐层厚度达 120~148m，岩盐氯化钠含量为 93%~98.8%（艾永华等，2010）。因此，从下古生界奥陶系至上古生界，盆地东部由于长期以来的水岩作用，地层水矿化度明显高于盆地其他地区。初步分析认为，盆地东部上古生界高矿化度地层水正是地层水岩作用和流体垂向流动的反映。

三、鄂托克旗地区上古生界地层水类型

结合长庆研究院 2009 年地层水的识别标准，依据矿化度、水化学特征系数、水型、水气比和压裂液返排率，结合苏里格地区已有地层水研究资料，将鄂托克旗地区盒 8 段、山 1 段 77 个水分析样品分为正常地层水、淡化地层水、工程用水(主要是压裂水)和凝析水 4 类(表 4-5)。工程用水和凝析水从水化学成分难以区别，矿化度均低；凝析水是由于温度和压力的改变从天然气中凝结出来的水蒸气，因此，凝析水水气比值低。压裂水对于水气比没有要求，而是压裂中返出总液量小于入井总液量，即压裂液返排率小于 100%。根据 77 口井的水化学、试气和压裂资料综合判断，1 口井为凝析水，5 口井为压裂水。

表 4-5　鄂托克旗地区盒 8 段、山 1 段产出水的识别标准

分类		正常地层水	淡化地层水	工程用水	凝析水
矿化度/(g/L)		>35	15~35	<15	<15
特征系数	钠氯系数	<0. 45	0. 45~0. 75	>0. 75	>0. 75
	钠钙系数	<1	>1	>1	>1
水型		$CaCl_2$型	$CaCl_2$型	$CaCl_2$型、$NaHCO_3$型	$CaCl_2$型、$NaHCO_3$型
水气比/($m^3/10^4m^3$)		—	—	—	≤0. 5
压裂液返排率		—	—	<100%	—

从已有 77 口个数据点的水分析资料显示：鄂托克旗地区正常地层水 47 口，所占比为 61%；淡化地层水为 24 口，所占比为 31%；工程用水为 5 口井，所占比为 7%；凝析水为 1 口井，所占比为 1%。鄂托克旗地区产出水类型主要为正常地层水(图 4-3)。

1. 凝析水的识别

理论上讲，凝析水应为纯净的淡水，不含有任何矿物质。由于水蒸气可能在

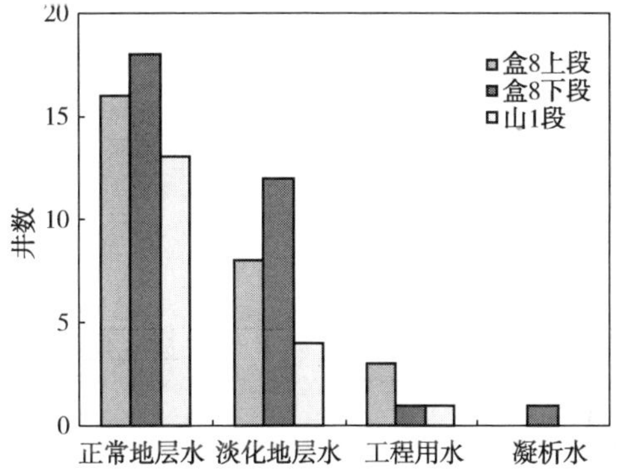

图 4-3　鄂托克旗地区盒 8 段、山 1 段产出水不同类型统计

井筒附近地层中发生凝析作用，地层中残余地层水混合于其中，气井实际生产的凝析水都具有一定的矿化度(郭春华等，2007)。凝析水的产水特征，水气比一般不超过 0.2$m^3/10^4m^3$，水气比值随时间变化稳定(李建奇等，2005)。

Su 40-14 井投产时间 2002 年 10 月，截至 2008 年 6 月，平均日产气量 1.03×10^4m^3，日产水量小于 0.5m^3且稳定连续，根据开采曲线特征可以判断该井山 1 段地层水为凝析水。

Su14 井盒 8 段试气日产气量为 10.9×$10^4m^3/d$，日产水量为 1.8m^3，水气比为 0.17$m^3/10^4m^3$，矿化度为 5.47 g/L，可以判断该井盒 8 段产出水为凝析水。

2. 主要产水区水化学特征

根据收集到的正常地层水水化学成分分析可知，鄂托克旗地区主要产水区伊盟隆起、苏里格西部和和苏里格东部的对比表明：不同地区、不同层位地层水水化学成分相近，地层水具有同源性(图 4-4)。鄂尔多斯盆地盒 8 下段正常地层水水化学成分对比表明：伊盟隆起、苏里格西部地区和苏里格东部地区不同地区地层水与榆林米脂地层水显示出明显的差异性(图 4-5)。鄂尔多斯盆地山 2 段榆林米脂地区也是一主要产水区，其水化学成分与其他地区亦存在显著差异(图 4-5)。榆林米脂地区从山 2 段至盒 8 段正常地层水矿化度显著具有高于盆地其他地区。

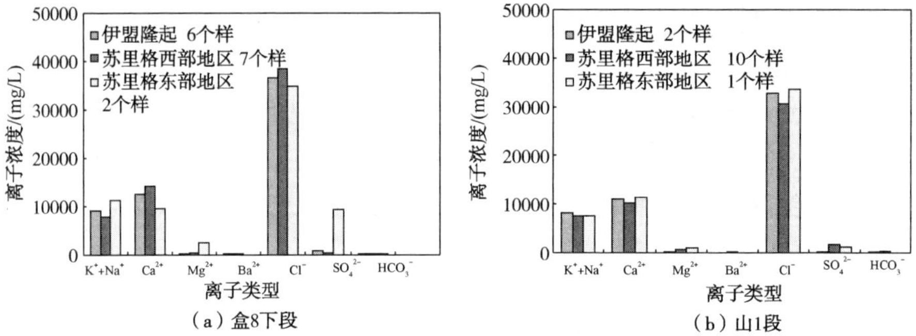

图 4-4　鄂托克旗地区盒 8 下段和山 1 段不同地区正常地层水对比

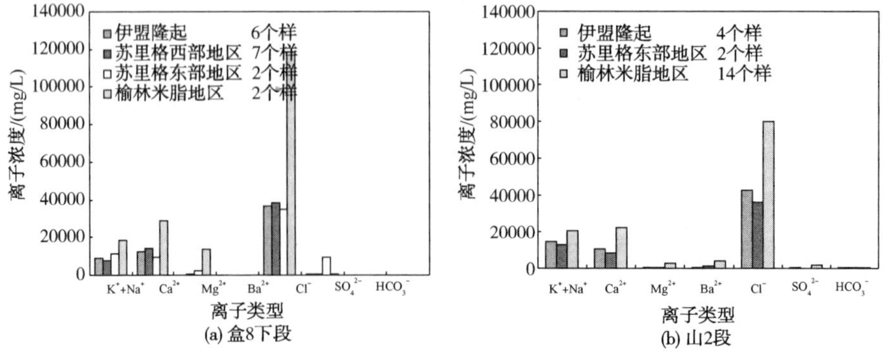

图 4-5　鄂尔多斯盆地盒 8 下段和山 2 段不同地区正常地层水对比

3. 裂缝发育井水化学特征

根据鄂托克旗地区 12 口裂缝发育井水化学成分分析：9 口正常地层水，3 口为淡化地层水(表 4-6)。裂缝发育井水产量高，12 口井平均日产水量为 18.3m^3。大多数裂缝发育井与区域正常地层水化学成分一致。

Su60 井裂缝发育，压裂液返排率为 98%，产水量为 25.8m^3/d，地层水矿化度为 31.2g/L，推测与裂缝沟通相邻低矿化度的含水层有关。

表 4-6　鄂托克旗地区裂缝发育井产出水类型统计

井号	层位	总矿化度/(g/L)	钠氯系数	钠钙系数	日产气量/10^4m^3	日产水量/m^3	分类
Su100	盒 8 上段	73.5	0.73	1.00	1.5	24	地层水
E11	盒 8 下段	74.1	0.29	0.42	2.5	12.6	地层水
Su56	盒 8 上段	58.7	0.35	0.57	0.1	20.9	地层水
Su57	盒 8 下段	60.4	0.37	0.57	2.1	18.5	地层水
Su58	盒 8 上段	79.1	0.45	0.77	0.7	49.9	地层水
Su65	盒 8 上段	71.0	0.35	0.57	0.2	36.0	地层水
Su66	盒 8 下段	53.2	0.34	0.56	1.1	5.4	地层水
Su87	盒 8 上段	36.3	0.43	0.80	4.3	4.8	地层水
Su88	盒 8 上段	35.2	0.33	0.59	0.8	18.6	地层水
Su9	盒 8 上段	30.6	0.48	0.99	0.2	2.0	淡化地层水
Su60	盒 8 上段	31.2	0.51	1.05	—	25.8	淡化地层水
Su49	盒 8 上段	34.6	0.29	0.48	1.2	0.8	淡化地层水

第 2 节　地层水成因

沉积盆地内任何一种地层水的化学特性与同位素组成是在成岩过程中的综合记录，该过程包括了不同来源水之间的混合过程，以及沉积矿物与水之间的反应过程。水与矿物之间的反应导致同位素组成的重新分配，而且使二者同位素组成发生相应的变化。沉积物在埋藏过程中不同程度地受到流体-岩石相互作用的改造，所以根据地层水化学特征可以重塑地球化学作用过程(Land L S，1995；Davisson M L，1996)，根据地层水中溴、锂、硼的浓度变化判断孔隙水的来源或表征铝硅酸盐矿物的溶解程度，根据孔隙水中氢、氧、锶、碳同位素来研究地层水的成因(李延河，1998；Ballentine C J，1996)。

一、H、O 同位素

同位素水文地质学是 20 世纪 60 年代发展起来的一门新兴学科。同位素方法为研究地下水提供一种新的有效手段，它有助于从宏观上和微观上阐明水文地质过程的机理(王恒纯，1991)。不同类型的水其同位素组成特征不同(王大锐，2000)，一般认为，海水的 δD 与 $\delta^{18}O$ 为 0 或接近 0；变质水则以较高的 $\delta^{18}O$ 为特征；蒸发残余水与海水相比可能会发生 δD 与 $\delta^{18}O$ 的富集或损耗，在 δD 与 $\delta^{18}O$ 相关图上相关的点呈弯钩状分布(Knauth 与 Beeunas，1986)；地表(大气)水 δD 与 $\delta^{18}O$ 之间呈规律性的变化($\delta D=8\delta^{18}O+10$，$\delta^{18}O$ 及 δD 均为 SMOW 标准)(Criag，1961)。

在蒸发过程中，轻同位素富集在气相中，而重同位素则富集在液相中。海水中重同位素多，而参与大气循环的天然水，即雨水、河水、井水等重同位素少(林耀庭等，1999)。^{18}O 和 D 是稳定同位素，通过地下水和当地大气降水中 ^{18}O 和 D 值的对比，可以初步确定地下水的起因。当气田地层水处于深埋封闭环境，在高温、高压条件下，于岩层中滞留时间较长，便会发生水、岩同位素交换，使气田地层水的氧同位素增高，谓之“氧漂移”，因而引起同位素变化随埋深增大，$\delta^{18}O$ 上升反映了油田水封闭性、水-岩反应增强，$\delta^{18}O$ 逐渐从矿物相转移到流体相中(于津生，1997；林耀庭等，1999；蔡春芳等，2000)。

1. 鄂尔多斯盆地雨水

除受温度效应、大陆效应、纬度效应、高程效应的影响外，降水汽团的来源及其性质对雨水氢氧同位素组成及其地理分布起着非常关键的作用。雨水的 δ 值，不仅与当地的降水量有关，更重要的是取决于暖湿汽团已经历的分馏程度。

大气降水是该区地表水和地下水的总的补给来源，所以降水的同位素组成是研究地下水补给的重要组成部分。根据王德潜等收集的从 1980 年 4 月至 2002 年 7 月共 90 组盆地氢氧同位素资料，得出鄂尔多斯盆地雨水氢氧同位素组成与全球大气降水线相一致(图 4-6)。

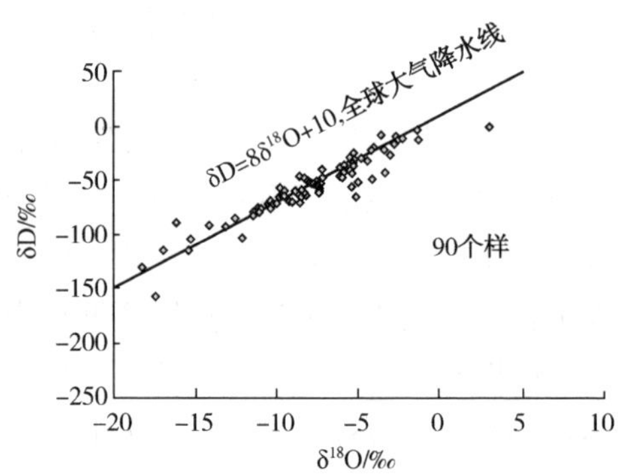

图 4-6 鄂尔多斯盆地雨水 δD-$\delta^{18}O$ 关系统计图

鄂尔多斯盆地定边—靖边县城 $\delta^{18}O$ 分布范围为 -10.6‰～-5.4‰，δD 分布范围为 -73‰～-44‰，T 分布范围为

13~27TU，大致反映出陕北地区雨水同位素的特征。

2. 鄂尔多斯盆地白垩系地层水

根据收集到的22组白垩系地下水同位素样品(孙继朝等，2004)，$\delta^{18}O$分布范围为-12.8‰~-7.91‰，δD分布范围为-85.25‰~-65.24‰，氢氧同位素值靠近鄂尔多斯盆地大气降水氢氧同位素组成(图4-7)，具有大气起源水特征。根据^{14}C资料测定，初步认为白垩系地层水年龄为4130~17930a，远远小于盆地白垩系沉积的时代。据现有资料可知，鄂尔多斯盆地白垩系地层不存在古沉积水。

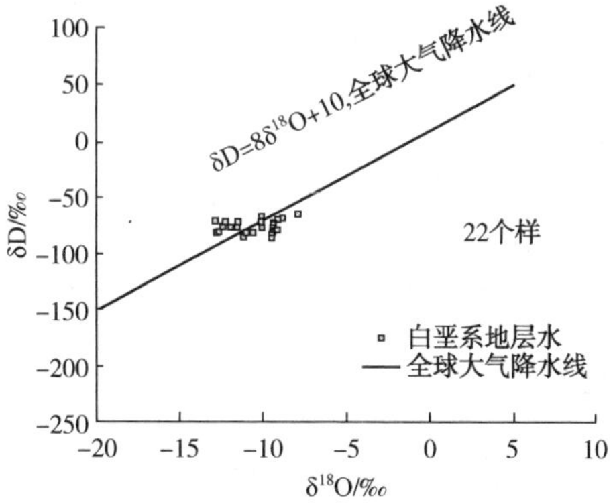

图4-7　鄂尔多斯盆地白垩系地层水 δD-$\delta^{18}O$ 关系统计图

3. 鄂尔多斯盆地西部上古生界地层水

苏里格地区盒8段、山1段地层水氢氧同位素样品经检测可知，地层水$\delta^{18}O$的平均值为-4.7‰(图4-8)。鄂尔多斯盆白垩系、延安组和延长组$\delta^{18}O$的平均值分别为-10.63‰和-9.78‰，不同层位地层水氧同位素值随埋深增加而增大(表4-7)。盆地中生界地层水与上古生界地层水氢、氧同位素存在差异，反映了

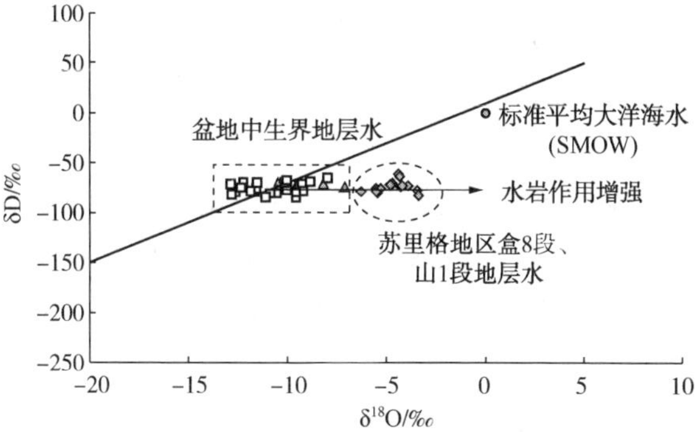

图4-8　鄂尔多斯盆地上古生界地层水 δD-$\delta^{18}O$ 关系统计图

其成因上的差异性。盆地白垩系和靠近露头的延安组和延长组，氢氧同位素与全球大气降水线的氢氧同位素值靠近，分析地下水补给源为大气降水和地表水。苏里格地区盒 8 段、山 1 段地层水氢氧同位素明显偏离全球大气降水线，表明地层水水-岩反应增强，^{18}O 逐渐从矿物相转移到流体相中。地层水氢、氧同位素特征表明，鄂尔多斯盆地盒 8 段、山 1 段地层水起源于经历了强烈水岩作用的陆相沉积水。

表 4-7　鄂尔多斯盆地不同地层水 δD 和 δ^{18}O 数据表

层位	样品数	δD/‰			δ^{18}O/‰		
		最小值	最大值	平均值	最小值	最大值	平均值
白垩系	22	-85.25	-65.24	-75.45	-12.8	-7.91	-10.63
延安组、延长组	6	-80	-69	-74.5	-11.7	-7.1	-9.78
盒 8 段、山 1 段	14	-82.7	-60.5	-73.77	-6.3	-3.39	-4.7

二、微量元素溴

目前，地层水成因与演化主要是通过对比海水的蒸发曲线来研究的(蔡春芳等，1996)。一般认为，地层水中的溴是稳定元素，因而可用地层水中 Cl、Ca、Mg、Sr、CF 与 Br 含量的相对关系，来反映这些元素相对蒸发趋势富集或贫乏，结合岩石学资料，推测可能的水-岩反应。而不相容元素 Li、B 浓度变化被用来表征铝硅酸盐矿物溶解程度。

溴含量高低与原始沉积环境有关，海相地层水溴含量高于陆相地层水。在地球上，99% 的溴元素以 Br^- 的形式存在于海水中，海水的 Br^- 浓度一般大于 65mg/L，大气降水 Br^- 浓度一般小于 0.1mg/L，化学家把溴叫作海洋元素，因而溴含量可以作为区别海相与陆相沉积封存水的一个重要标志。同时，还可发现，溴浓度随地层变老、蒸发浓缩作用增强，而具有增大的趋势，因而溴含量受沉积环境和蒸发浓缩控制。

沉积物中不太可能有足够的有机质降解使溴富集，目前也未发现卤水耗溴的任何机制，在蒸发海水中耗溴仅在钾盐-镁盐沉淀以后。因此，人们常用与 Carpenter 建立的溴与各种离子在海水蒸发过程中的浓缩趋势对比研究油田水的化学演化(蔡春芳等，1996)。

苏里格气田上古生界地层水 Br^- 浓度经检测可知，3 口井的 Br^- 浓度值均小于 65mg/L(表 4-8)，由此可进一步推断鄂尔多斯盆地地层水起源于经过了强烈的水岩作用和蒸发浓缩的陆相成因水。

表 4-8　鄂尔多斯盆地西部上古生界地层水微量元素数据表

井号	Su46 井	Su51 井	Su56-1 井	Su56-2 井
ρ(Br)/(mg/L)	51.7	21	42.4	35.6
ρ(I)/(mg/L)	2.82	1.57	2.47	2.11
矿化度/(g/L)	53.75	56.84	50.76	48.22

鄂尔多斯盆白垩系、延安组和延长组、上古生界地层水的 $\delta^{18}O$ 值随埋深增加而增大，地层水微量元素 Br^- 浓度均小于海水中 Br^- 浓度，推断地层水是起源于经过了强烈水岩作用和蒸发浓缩作用的陆相沉积水。

鄂尔多斯盆地晚二叠世早期广泛发育了一套以湖相为主的碎屑岩沉积，上石盒子组泥岩厚度为 60~120m，是上古生界理想的区域性封盖层(付金华，2004)。盆地太原组的潮坪泥质岩、山西组的三角洲平原泥质岩和下石盒子组的河漫滩泥质岩构成上古生界良好的局部盖层。

鄂尔多斯盆地上古生界天然气盖层封闭最普遍的机理是物性封闭，其中，盖层岩石的排替压力是反映盖层物性封闭能力最有效的评价参数(吕延防等，2005)。目前，一般利用实验测得的泥质岩排替压力与声波时差的函数关系求取出二者的经验公式，利用各井段的声波时差通过公式计算就可以得到对应泥岩盖层的排替压力值。根据神木地区上古生界具体的排替压力与声波时差的经验关系(李明瑞等，2006)，计算得到鄂尔多斯盆地排替压力在纵向和平面上的变化情况。苏里格西区盒 8 段排替压力整体比较高，并且有从西向东逐渐降低的趋势，西部排体压力最高可达 13MPa。排替压力这种分布格局表明西部气水同产区的保存条件优于东部，基本可以排除大量产水井是由于天然气散失引起压力降低，从而导致地层水重新进入储层而形成。根据勘探开发现状，该区勘探井盒 7 至盒 1 段极少有工业气流井，亦表明天然气散失有限。综合分析认为，鄂尔多斯盆地大量的出水井处于该区低生烃强度和低构造位置，形成了成藏过程中天然气不能完全驱替的残余地层水。

第 3 节　地层水化学特征与天然气富集

研究地层水的化学特征分布规律，有助于判别储层的水文地球化学环境，有助于说明天然气的聚集成藏条件。目前可以判断地层水特性的系数有钠氯系数、脱硫系数和碳酸盐平衡系数等。

一、矿化度

鄂尔多斯盆地山西组矿化度分布表明(图 4-9)，盆地内整体矿化度较高，大部分区域矿化度>50g/L。鄂尔多斯盆地矿化度东高西低，初步分析是原始沉积环境和水岩作用共同影响的结果。

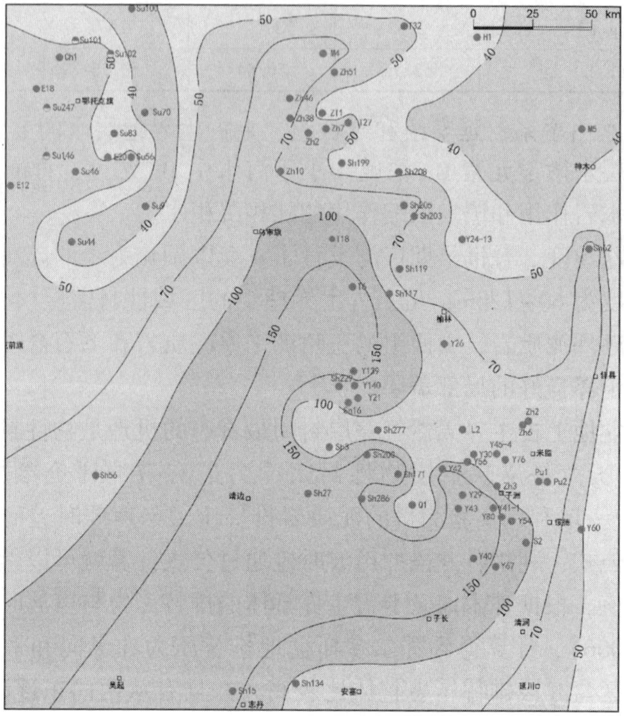

图 4-9　鄂尔多斯盆地山西组矿化度分布图

二、钠氯系数

钠氯系数(rNa^+/rCl^-)(亦称变质系数)是地层封闭性、地层水变质程度和活动性的重要指标，但与油气没有直接关系，属于环境指标(江兴福等，2009)。由于 Cl^-化学性质稳定，很少产生吸附、沉淀和交换反应，Na^+则可能由于吸附、沉淀等化学反应而减少，因此在地下水埋藏沉积后，rNa^+/rCl^-一般都趋于降低。其值越大，表明地下水受渗入水影响越明显，对烃类的保存越不利；相反地，其值越小，则反映地层水受渗入水影响越弱，对烃类的保存越有利。标准海洋水钠氯系数值为 0.85，经强烈蒸发浓缩的残余海相(或陆相)沉积水 rNa^+/rCl^-值小于 0.85，岩盐层溶滤水 rNa^+/rCl^-值一般近于 1 或大于 1，与大气降水淋滤作用有关的地下水的 rNa^+/rCl^-值一般大于 1(张宗峰等，2009)。

博雅尔斯基(1970)研究了大量油气田地下水后认为，钠氯比能反映地层水的变质程度和储层的水文地球化学环境，他根据钠氯比对氯化钙型水细分为 5 类。其中，Ⅲ、Ⅳ、Ⅴ类为有利于油气保存的水文地球化学环境，他把变质系数 0.75 作为有利于油气保存的下限(龙建勋，2008)。

鄂尔多斯盆地钠氯系数分布图(图 4-10)显示，地层水封闭性由东向西逐渐增强，总体上都为小于 0.75 有利于天然气保存的水文地球化学环境。

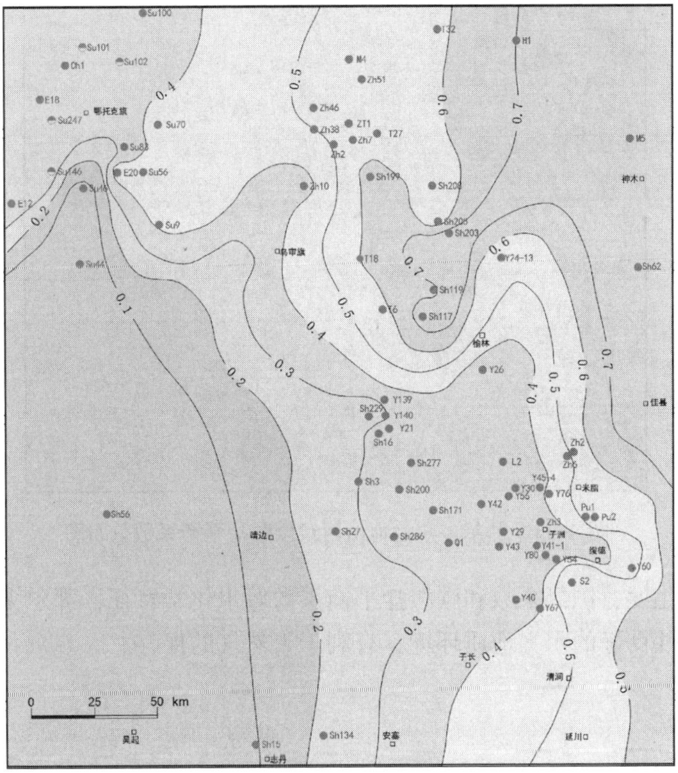

图 4-10　鄂尔多斯盆地山西组钠氯系数分布图

三、碳酸盐平衡系数

碳酸盐平衡系数[(HCO_3^-含量+CO_3^{2-}含量)/Cl^-含量]是一个指示油气性质和运移方向的指标，是反映脱碳酸作用强弱的参数。该系数越小，表明保存条件越好，越靠近油气藏(江兴福等，2009)。

鄂尔多斯盆地碳酸盐平衡系数分布图(图 4-11)表明，鄂尔多斯盆地山西组碳酸盐平衡系数一般小于 0.1，鄂尔多斯盆地由西向东碳酸盐平衡系数逐渐增大，说明越向盆地边部保存条件越差。

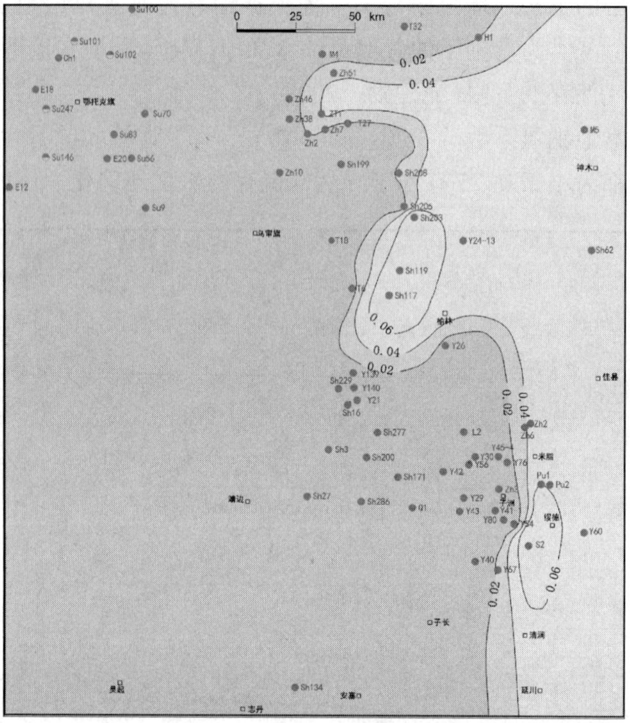

图 4-11 鄂尔多斯盆地山西组碳酸盐平衡系数分布图

根据矿化度、钠氯系数和碳酸盐平衡系数等水化学特征，鄂尔多斯盆地地层水处于封闭性良好的水文地质环境，有利于天然气的保存。

第5章 影响流体分布的宏观地质因素

前人研究认为，优质烃源岩是控制鄂尔多斯盆地上古生界流体赋存特征的重要宏观地质因素(赵靖舟等，2012、2013；曹青等，2013；窦伟坦等，2010)。除此之外，流体赋存于地下深处多孔岩层中，储层物性决定着流体的赋存特征，因而影响岩石物理性质的宏观地质特征也是影响流体分布的重要因素。本章通过对比分析天然气和地层水赋存砂岩的沉积相、成岩相和地层压力差异性，明确其他宏观地质因素对流体赋存的影响。

第1节 流体分布的沉积相特征

鄂尔多斯盆地经历了加里东期长达1亿多年的风化剥蚀，晚古生代盆地地势非常平缓，古坡度为1°~2°，无明显的沉积中心和坡折带，发育大型缓坡浅水三角洲沉积(杨华等，2012)。在相对平坦的构造背景下，湖泊水体浅，河流水动力较强，对三角洲的建设始终起着控制作用，沉积砂岩中可见明显的板状交错层理、槽状交错层理、平行层理；湖平面频繁波动，湖岸线摆动大而且迅速，不同期次的河道横向反复迁移，导致砂体纵向上多期叠置，平面上复合连片。如主要储集层下石盒子组盒8段形成了厚10~30m，宽10~20km，延伸300km以上大面积分布的砂岩储集体(据杨华等，2012)。

一、天然气储集砂体

晚古生代是鄂尔多斯盆地由克拉通盆地演化为内陆盆地的时期，尤以山西组和下石盒子组储层发育为特征。鄂尔多斯盆地山西组、盒8段沉积期，地形平缓，气候湿润。盆地中广泛发育了河流相和三角洲相的砂岩储层，从北向南依次发育冲积扇、河流相、三角洲平原和三角洲前缘沉积体系(表5-1)。

表5-1 鄂尔多斯盆地山西组-下石盒子组主要储集砂体成因类型(李明瑞，2011)

相	亚相	微相	岩性类型	发育程度	发育层位
冲积扇	扇中	辫状水道	含砾粗砂岩、中粗砂岩、中砂岩	盆地北部	盒8段、山1段

续表

相	亚相	微相	岩性类型	发育程度	发育层位
辫状河	河床	心滩	含砾粗砂岩、中粗砂岩、中砂岩、细砂岩	普遍	盒 8 段、山 1 段
曲流河		边滩			山 1 段、山 2 段
三角洲	三角洲平原	分流河道	含砾粗砂岩、粗砂岩、中砂岩	普遍	山 1 段、山 2 段
	三角洲前缘	水下分流河道	含砾粗砂岩、中粗砂岩、中砂岩	普遍	山 1 段、山 2 段
		河口坝	粗、中粗、中砂岩	普遍	
		远砂坝	细砂岩、粉砂岩	较常见	
		席状砂	粉砂岩、细砂岩	山西组常见	
湖泊	滩坝	滩坝砂	细砂岩、粉砂岩	不常见	山 1 段、山 2 段
潮坪	潮道、潮汐砂坝		细砂岩、粉砂岩	山 2 期可见	山 2 段

盆地东部榆林大型气田的山 2 段致密碎屑岩储层为三角洲平原相分流河道沉积，受物源供给和水动力条件影响，在主河道形成中粗粒石英砂岩。由于分流河道作用营力较强，形成了近南北向延伸的带状砂体，砂体东西向宽度为 10~50km，南北向长度大于 100km。

盆地东部子洲气田山 2 气层组主要的沉积相类型是三角洲前缘沉积，分为水下分流河道和分流间湾两个亚相。根据长庆油田的研究(2006)可知，子洲地区山西组山 2 段砂体为三角洲前缘水下分流河道沉积，是榆林南砂体在东南向的继续延伸。砂体平面呈鸟足状展布，砂体间发育分流间湾沉积。该区三角洲与经典的三角洲理论存在较大差别，主要特征是三角洲前缘水下分流河道广泛发育，而三角洲前缘河口坝、席状砂不发育(龙建勋，2008)。

盆地西部鄂托克旗地区山 1 段和盒 8 段储层沉积相主要为曲流河和辫状河，有效储层横向变化大，尤其是单个砂体规模较小。盆地东部山 1 段和盒 8 段气藏主要发育于曲流河边滩、辫状河心滩微相和三角洲平原。

二、地层水赋存砂体

子洲气田位于鄂尔多斯盆地西南部，储层沉积相主要为三角洲前缘水下分流河道，砂体呈北北西方向展布。子洲气田的大部分区域都为饱和气区，大多数井气产量达工业气流井而水产量为零。鄂尔多斯盆地西南存在局部含水区，井孔的水产量为 0.9~46.6m^3/d(图 5-1)。

根据水体富集的不同状态，以及前人的研究成果可知，鄂尔多斯盆地上古生

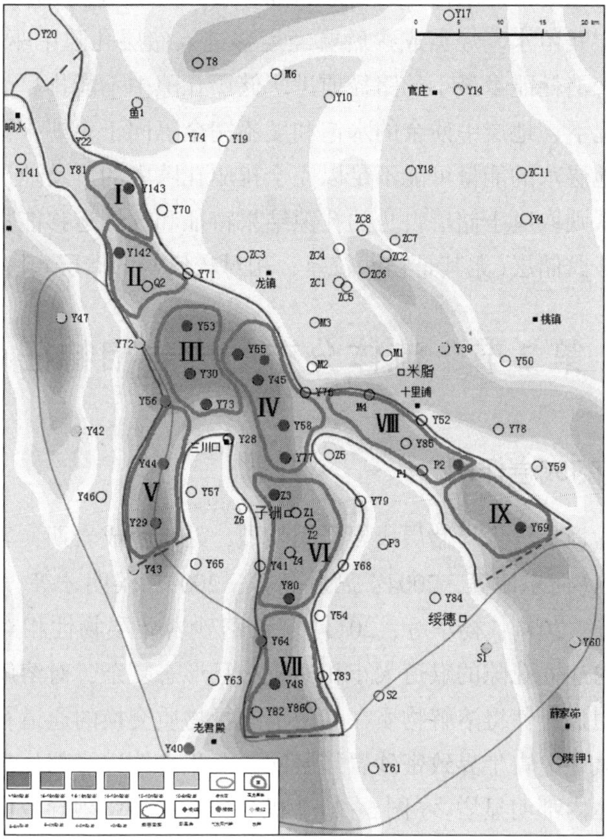

图 5-1　子洲气田山 2 段沉积相图(据长庆油田资料修编，2006)

界地层水主要发育于以下储层中：

（1）河道砂体局部边底水。在连通的砂体区，天然气的浮力可以克服毛细管阻力，气水分异相对彻底，形成构造高部位富集天然气、构造低部位富集地层水的气水分布模式，发育于主河道构造下倾部位。

（2）河道底部低凹处滞留“透镜体”水。这种水体类型的成因与河道下蚀作用密切相关，河道的下蚀作用往往形成透镜状的砂体，在其底部低凹处往往残留水体，天然气进入后不能将其排走。

（3）“孤立”砂体形成的“透镜体”水。该水体多分布于孤立透镜状砂体中，如河道边部决口扇砂体或孤立的废弃河道中，而形成一个四周封闭或半封闭的“孤立”砂体。由于无通道连通，天然气不能运移进入，水体充满整个砂体中。

（4）致密砂岩封隔的“透镜体”水。多期的辫状河、曲流河河道粗砂岩相互切割、垂向叠置，其间由于水动力条件的变化，存在物性夹层，从而可形成一个四周封闭或半封闭的带。水体受致密层封隔，形成夹层“透镜体”水。

（5）致密层残留水。烃类成熟后要经运移进入储层孔隙中驱水而富集成藏，气驱水总体沿着消耗能量最小的路径前进。储层孔隙中不能排尽的那部分水称束缚水。通常情况下，地层中残余的水饱和度不完全等同于束缚水饱和度，其原因是天然气排驱地层水的能量可能不足以完全排驱孔隙中的可动地层水。致密地层水饱和度的高低则取决于储层自身的孔隙结果特征和气体运移能量大小。致密地层水存在于盒 8 段储层(尤其是物性较差、相对较致密的储层)孔隙中。

第 2 节　流体分布的成岩相特征

一、储层的成岩作用

鄂尔多斯盆地上古生界储层成岩作用强烈，处于晚成岩期，岩石微观孔隙结构的非均质性强(何东博等，2004；席胜利等，2009；侯明才等，2009；高星等，2009；樊爱萍等，2011；杨华等，2011)。致密砂岩储层物性相对较差，同一套砂体，由于其内连通孔隙的喉道大小相对较小且形态复杂，对溶解物质的搬运与沉积影响较为明显，使得溶解物质在其内部进行物质交换的通道存在较强非均质性。鄂尔多斯盆地上古生界致密砂岩储层同一沉积砂体边缘部位硅质和铁方解石含量相对于砂体内部明显增多(图 5-2)。机械压实作用强烈导致储层整体较为致密；而随后发生的溶解、胶结作用因储层内部物质交换较弱而往往就近进行，使

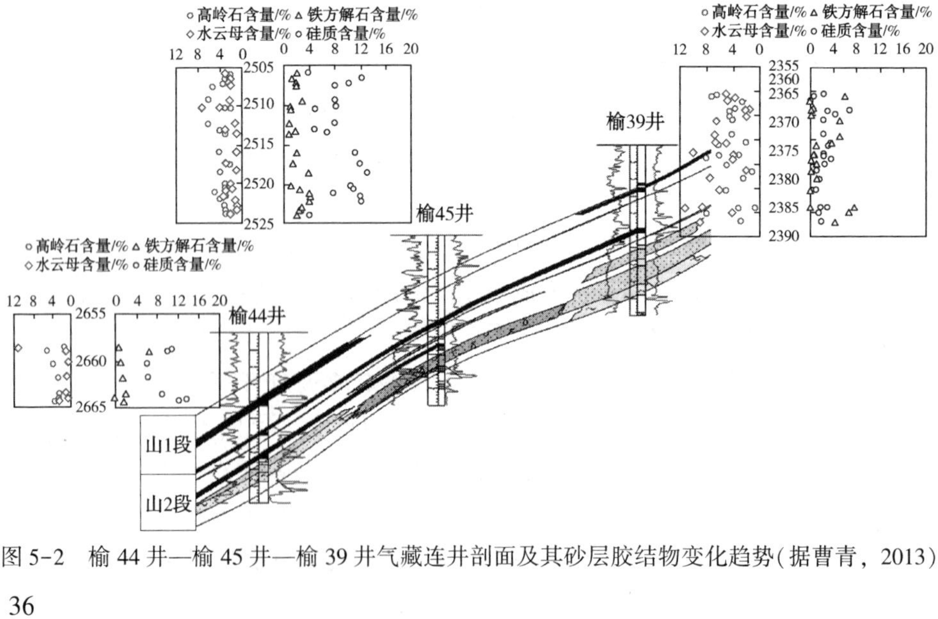

图 5-2　榆 44 井—榆 45 井—榆 39 井气藏连井剖面及其砂层胶结物变化趋势(据曹青，2013)

得同一砂体外部边缘部分致密程度更甚(曹青等，2013)。

二、天然气储集砂体的岩石类型和填隙物

1. 盆地东部山2段

1) 子洲气田

子洲气田山2段沉积时期受西北部榆林方向物源影响，该方向河道砂体为一套具有石英含量高、岩屑含量较低和几乎不含长石的石英砂岩和岩屑石英砂岩。通过子洲气田14口产气井93块薄片资料的统计，子洲气田山2段产气层段储层岩石骨架颗粒组成主要为石英，其次为岩屑。其中，石英碎屑主要为单晶石英，多晶石英量少，以燧石为主；岩屑组分以变质岩岩屑(包括石英岩、片岩、千枚岩、板岩和变质砂岩)占绝对优势，火成岩岩屑和沉积岩岩屑少量；长石量极少或无。气层段储层岩石分选性为好或中等，磨圆度主要为次圆和次棱状。

薄片鉴定结果表明，子洲气田山2段石英颗粒占骨架颗粒的66.46%～98.79%，平均为93.0%。子洲气田山2段岩屑占骨架颗粒的1.21%～33.54%，平均为7.0%。子洲气田山2段产气井气层段储层岩石类型主要为石英砂岩，所占比例为80.6%；其次为岩屑石英砂岩，所占比例为18.3%；岩屑砂岩很少，所占比例仅为1.1%(图5-3)。

根据子洲气田14口产气井93块石英砂岩填隙物含量统计表明，山2段

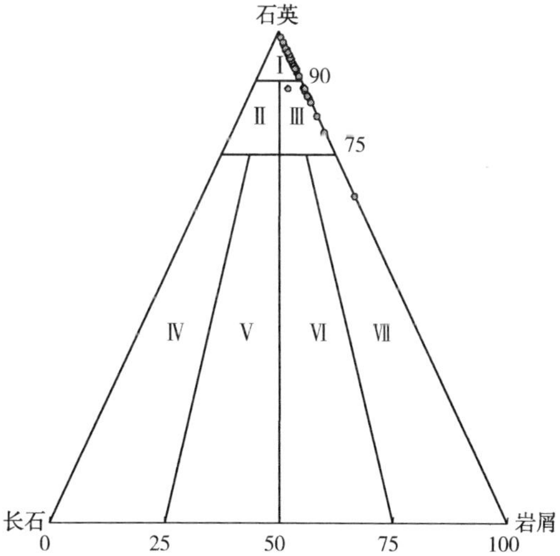

图5-3　子洲气田产气井山2段岩石类型

Ⅰ—石英砂岩；Ⅱ—长石石英砂岩；Ⅲ—岩屑石英砂岩；Ⅳ—长石砂岩；
Ⅴ—岩屑长石砂岩；Ⅵ—长石岩屑砂岩；Ⅶ—岩屑砂岩

产气层段填隙物占碎屑岩的 13.50%~25.50%，平均为 17.50%。填隙物主要为硅质、黏土矿物、碳酸盐胶结物和火山灰(图 5-4)。其中，硅质含量最高达 54.95%；黏土矿物为 29.98%(高岭石为 20.63%，水云母为 8.61%，绿泥石为 0.74%)；碳酸盐胶结物含量为 14.56%(铁白云石为 10.68%，方解石为 2.15%，铁方解石、白云石和菱铁矿含量微小)；火山灰(凝灰质)含量甚微。

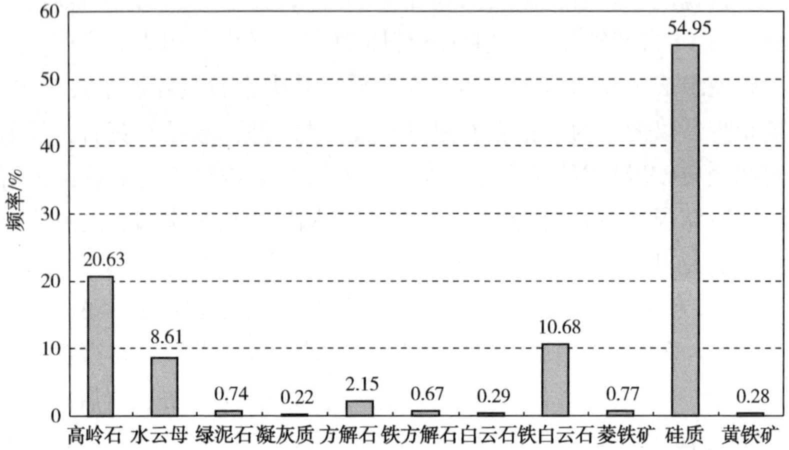

图 5-4　子洲气田产气井山 2 段填隙物含量

2) 神木-米脂地区

神木-米脂地区山 2 段主要受东北部官庄方向的物源影响，该方向河道砂体为石英含量降低、岩屑含量增加的岩屑石英砂岩和岩屑砂岩，石英砂岩较少见。通过对神木-米脂地区 15 口产气井 51 块薄片资料的统计，神木-米脂地区山 2 段产气层段储层岩石骨架颗粒组成主要为石英，其次为岩屑。其中，石英碎屑主要为单晶石英，多晶石英量少，主要为燧石；岩屑组分以变质岩岩屑(包括石英岩、片岩、千枚岩、板岩和变质砂岩)为主，其次为火成岩岩屑，沉积岩岩屑少量；长石量极少或无。气层段储层岩石分选性为好或中等，磨圆度主要为次圆和次棱状。

薄片鉴定结果表明，神木-米脂地区山 2 段石英颗粒占骨架颗粒的 60.00%~88.16%，平均为 73.60%。神木-米脂地区山 2 段岩屑占骨架颗粒的 11.84%~40.00%，平均为 26.35%。神木-米脂地区山 2 段产气井气层段储层岩石类型主要为岩屑砂岩和岩屑石英砂岩，所占比例分别为 52.9%和 47.1%(图 5-5)。

根据神木-米脂地区山 2 段 15 口产气井 51 块砂岩填隙物含量统计，山 2 段产气层段填隙物占碎屑岩成分的 10.00%~34.00%，平均为 14.93%。填隙物主

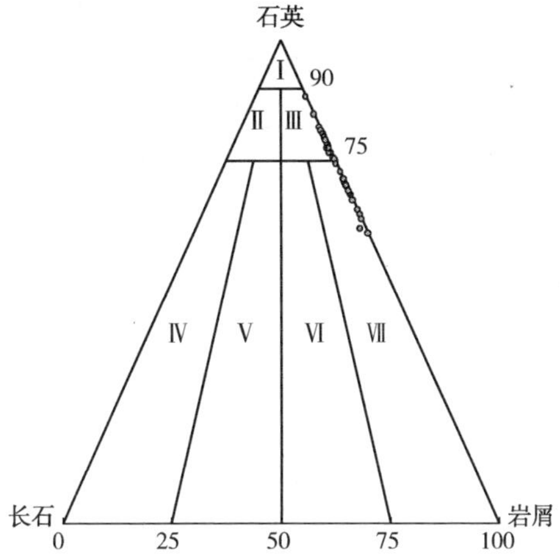

图 5-5　神木-米脂地区产气井山 2 段岩石类型

Ⅰ—石英砂岩；Ⅱ—长石石英砂岩；Ⅲ—岩屑石英砂岩；Ⅳ—长石砂岩；
Ⅴ—岩屑长石砂岩；Ⅵ—长石岩屑砂岩；Ⅶ—岩屑砂岩

要为黏土矿物、碳酸盐胶结物、硅质和火山灰(图 5-6)。其中，黏土矿物含量最高达 62.62%(高岭石为 12.16%，水云母为 48.15%，绿泥石为 2.30%)；碳酸盐胶结物含量为 21.54%(铁白云石为 16.34%，菱铁矿为 2.83%，铁方解石和方解石含量少)；硅质含量为 13.02%；火山灰(凝灰质)含量为 2.83%。

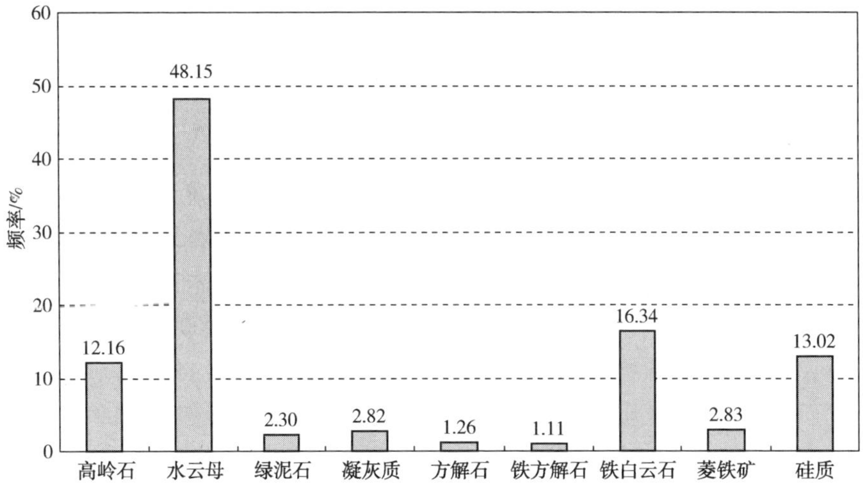

图 5-6　神木-米脂地区产气井山 2 段填隙物含量

2. 盆地东部山 1 段

通过盆地东部山 1 段 7 口产气井 22 块薄片资料的统计，盆地东部山 1 段产气层段储层岩石骨架颗粒组成主要为石英，其次为岩屑。其中石英碎屑主要为单晶石英，多晶石英量少，主要为燧石；岩屑组分以变质岩岩屑(包括石英岩、片岩、千枚岩、板岩和变质砂岩)为主，其次为火成岩岩屑，沉积岩岩屑少量；长石量极少或无。气层段储层岩石分选性为中等或好，磨圆度主要为次棱和次圆状。

薄片鉴定结果表明，盆地东部山 1 段石英颗粒占骨架颗粒的 55.49%~82.67%，平均为 70.05%。盆地东部山 1 段岩屑占骨架颗粒的 17.33%~44.51%，平均为 29.92%。盆地东部山 1 段产气井气层段储层岩石类型主要为岩屑砂岩和岩屑石英砂岩，所占比例分别为 60%和 40%(图 5-7)。

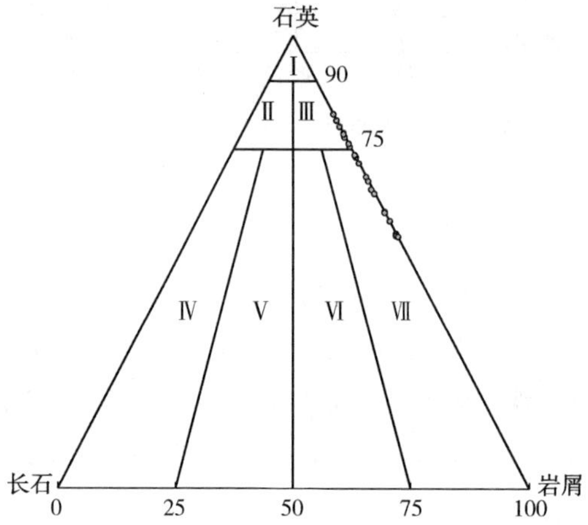

图 5-7　盆地东部产气井山 1 段岩石类型

Ⅰ—石英砂岩；Ⅱ—长石石英砂岩；Ⅲ—岩屑石英砂岩；Ⅳ—长石砂岩；
Ⅴ—岩屑长石砂岩；Ⅵ—长石岩屑砂岩；Ⅶ—岩屑砂岩

根据盆地东部山 1 段 7 口产气井 22 块砂岩填隙物含量统计，山 1 段产气层段填隙物占碎屑岩成分的 8.50%~34.00%，平均为 14.34%。填隙物主要为黏土矿物、硅质、碳酸盐胶结物和火山灰(图 5-8)。其中，黏土矿物含量最高达 57.97%(高岭石为 29.46%，水云母为 26.60%，绿泥石为 1.91%)；硅质含量为 25.25%；碳酸盐胶结物含量为 16.19%(铁铁方解石为 15.36%，方解石为 0.83%)；火山灰(凝灰质)含量为 0.38%。

3. 盆地东部盒 8 段

通过盆地东部盒 8 段 28 口产气井 66 块薄片资料的统计，盆地东部盒 8 段产气层段储层岩石骨架颗粒组成主要为石英，其次为岩屑。其中，石英碎屑主要为单晶石英，多晶石英量少，主要为燧石；岩屑组分以变质岩岩屑(包括石英岩、片岩、千枚岩、板岩和变质砂岩)为主，其次为火成岩岩屑，沉积岩岩屑少量；长石量极

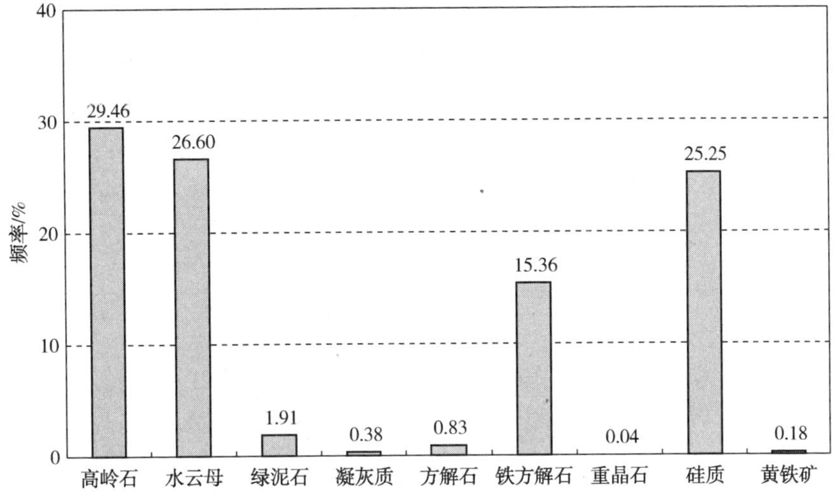

图 5-8　盆地东部产气井山 1 段填隙物含量

少或无。气层段储层岩石分选性为中等或好，磨圆度主要为次棱状和次圆状。

薄片鉴定结果表明，盆地东部盒 8 段石英颗粒占骨架颗粒的 44.19%～96.38%，平均为 80.02%。盆地东部盒 8 段岩屑占骨架颗粒的 3.62%～48.99%，平均为 19.54%。盆地东部盒 8 段产气井气层段储层岩石类型主要为岩屑石英砂岩，所占比例为 63.6%；其次为岩屑砂岩，所占比例为 25.8%；石英砂岩少，所占比例为 10.6%(图 5-9)。

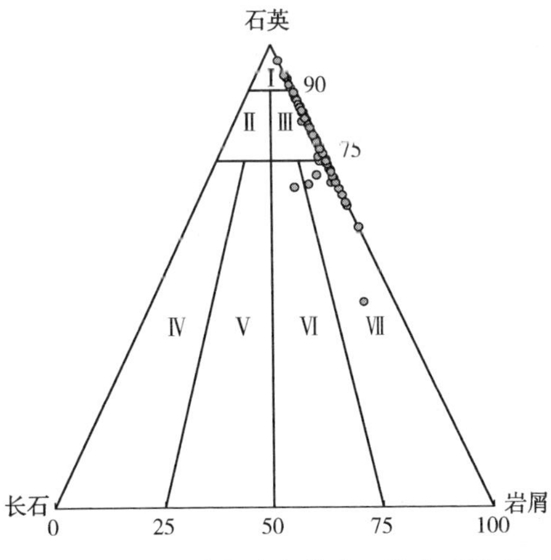

图 5-9　盆地东部产气井盒 8 段岩石类型

Ⅰ—石英砂岩；Ⅱ—长石石英砂岩；Ⅲ—岩屑石英砂岩；Ⅳ—长石砂岩；
Ⅴ—岩屑长石砂岩；Ⅵ—长石岩屑砂岩；Ⅶ—岩屑砂岩

根据盆地东部盒 8 段 28 口产气井 66 块砂岩填隙物含量统计，盒 8 段产气层段填隙物占碎屑岩成分的 5. 50%～20. 6%，平均为 13. 50%。填隙物主要为黏土矿物、硅质、碳酸盐胶结物和火山灰(图 5-10)。其中，黏土矿物含量最高达 57. 56%(高岭石为 23. 82%，水云母为 27. 32%，绿泥石为 6. 42%)；硅质含量为 29. 60%；碳酸盐胶结物含量为 8. 74%(铁方解石为 7. 12%，方解石为 1. 52%)；火山灰(凝灰质)含量为 3. 68%。

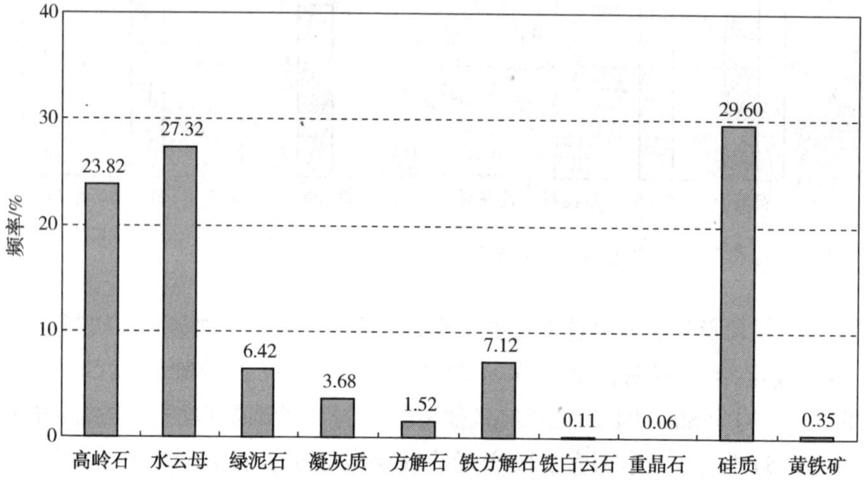

图 5-10　盆地东部产气井盒 8 段填隙物含量

4. 盆地西部盒 8 段

通过盆地西部盒 8 段 32 口产气井 92 块薄片资料的统计，盆地西部盒 8 段产气层段储层岩石骨架颗粒组成主要为石英，其次为岩屑。其中，石英碎屑主要为单晶石英，多晶石英量少，以燧石为主；岩屑组分以变质岩岩屑(包括石英岩、片岩、千枚岩、板岩和变质砂岩)为主，其次为火成岩岩屑、泥化碎屑和钙化碎屑，沉积岩岩屑少量；长石量极少或无。气层段储层岩石分选性为中等或好，磨圆度主要为次棱和次圆状。

薄片鉴定结果表明，盆地西部盒 8 段石英颗粒占骨架颗粒的 41. 72%～96. 39%，平均为 84. 64%。盆地西部盒 8 段岩屑占骨架颗粒的 3. 61%～58. 28%，平均为 15. 34%。盆地西部盒 8 段产气井气层段储层岩石类型主要为岩屑石英砂岩，所占比例为 68. 5%；其次为岩屑砂岩，所占比例为 22. 8%；石英砂岩少，所占比例为 8. 7%(图 5-11)。

根据盆地西部盒 8 段 32 口产气井 92 块砂岩填隙物含量统计，盒 8 段产气层段填隙物占碎屑岩成分的 6. 00%～38. 80%，平均为 15. 90%。填隙物主要为黏土

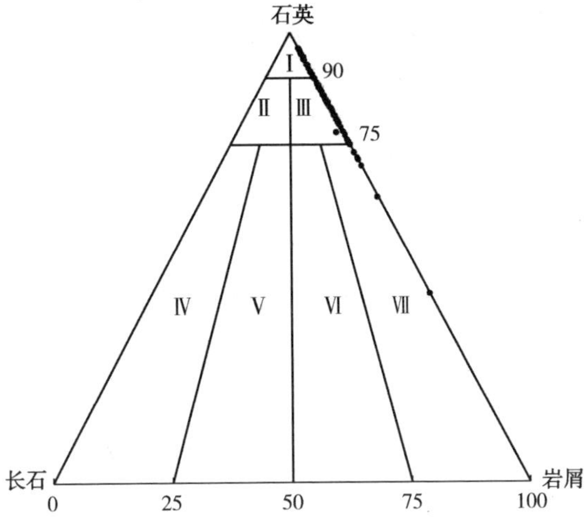

图 5-11　盆地西部产气井盒 8 段岩石类型

Ⅰ—石英砂岩；Ⅱ—长石石英砂岩；Ⅲ—岩屑石英砂岩；Ⅳ—长石砂岩；
Ⅴ—岩屑长石砂岩；Ⅵ—长石岩屑砂岩；Ⅶ—岩屑砂岩

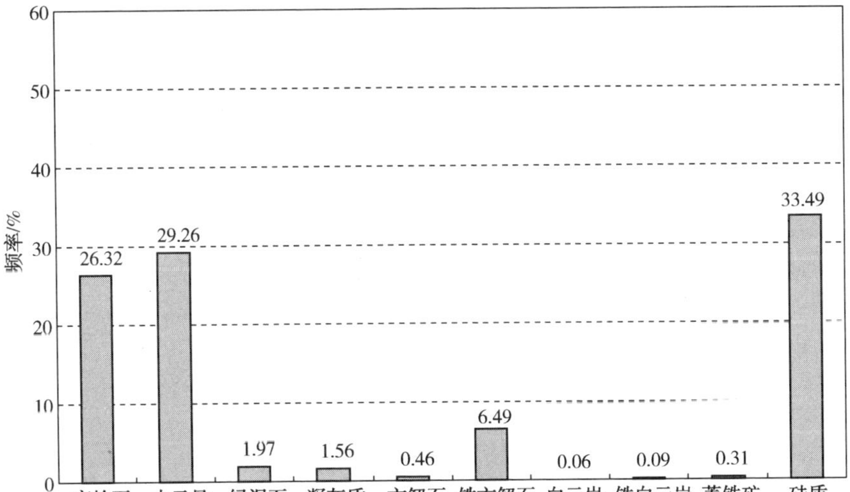

图 5-12　盆地西部产气井盒 8 段填隙物含量

矿物、硅质、碳酸盐胶结物和火山灰(图 5-12)。其中，黏土矿物含量最高达 57.55%(高岭石为 26.32%，水云母为 29.26%，绿泥石为 1.97%)；硅质含量为 33.49%；碳酸盐胶结物为 7.41%(铁方解石为 6.49%，方解石、白云岩、铁白云岩和菱铁矿较少)；火山灰(凝灰质)含量为 1.56%。

三、地层水赋存砂体的岩石类型和填隙物

1. 盆地东部山2段

盆地东部山2段产水井包括纯产水井(产气量<5000m^3/d、产水量>1m^3/d的井)和气水同产井(产气量>5000m^3/d、产水量>1m^3/d的井)，其中，纯产水井占绝对优势。

通过盆地东部山2段16口纯产水井158块薄片资料的统计，山2段产水层段储层岩石骨架颗粒组成主要为石英，其次为岩屑。其中，石英碎屑主要为单晶石英，多晶石英量少，主要为燧石；岩屑组分以变质岩岩屑(包括石英岩、片岩、千枚岩、板岩和变质砂岩)占绝对优势，火成岩岩屑和沉积岩岩屑较少；长石量极少或无。气层段储层岩石分选性为好或中等，磨圆度主要为次圆和次棱状。

薄片鉴定结果表明，盆地东部山2段产水层段石英颗粒占骨架颗粒的78.02%~97.06%，平均为92.92%。产水层段岩屑占骨架颗粒的2.94%~21.98%，平均为7.08%。盆地东部山2段产水层段储层岩石类型主要为石英砂岩，所占比例为81.01%；其次为岩屑砂岩，所占比例为10.76%；岩屑石英砂岩所占比例为8.2%(图5-13)。

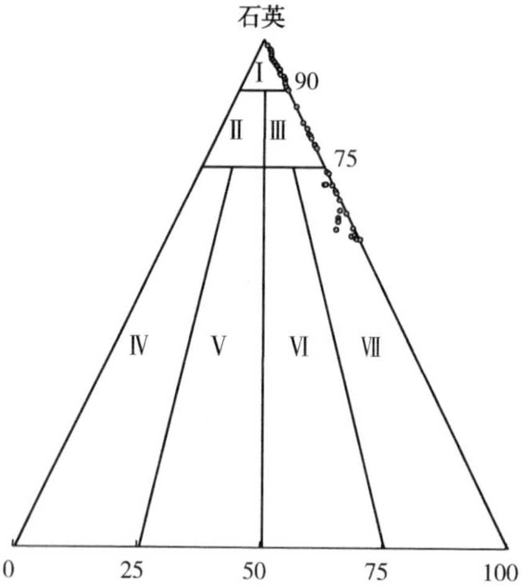

图5-13 盆地东部山2段产水井岩石类型

Ⅰ—石英砂岩；Ⅱ—长石石英砂岩；Ⅲ—岩屑石英砂岩；Ⅳ—长石砂岩；
Ⅴ—岩屑长石砂岩；Ⅵ—长石岩屑砂岩；Ⅶ—岩屑砂岩

根据盆地东部山2段16口纯产水井158块砂岩填隙物含量统计，产水层段填隙物占碎屑岩成分的5.00%~25.00%，平均为15.57%。填隙物主要为硅质、

黏土矿物、碳酸盐胶结物和火山灰(图 5-14)。其中，硅质含量最高达 51.76%；黏土矿物为 34.62%(高岭石为 24.78%，水云母为 9.80%，绿泥石为 0.05%)；碳酸盐胶结物含量为 12.65%(铁白云石为 8.74%，铁方解石为 3.54%，方解石、白云石和菱铁矿含量微小)；火山灰(凝灰质)含量甚微。

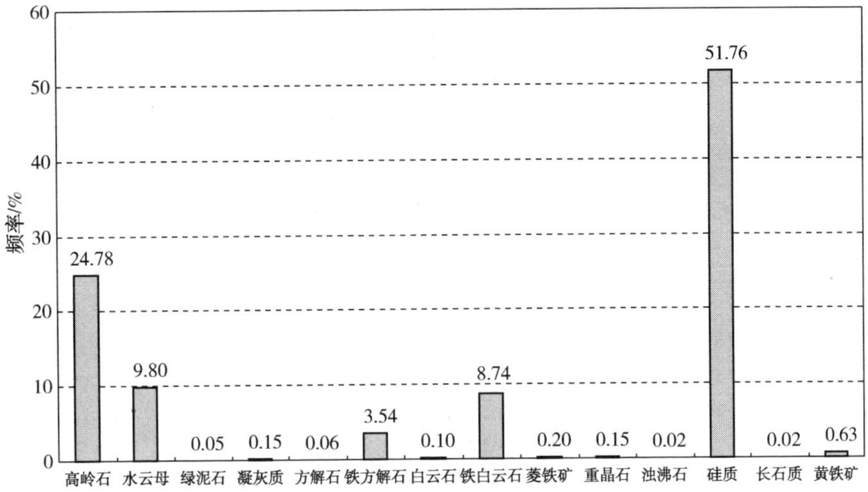

图 5-14　盆地东部山 2 段产水层段填隙物含量

2. 盆地东部盒 8 段

盆地东部盒 8 段产水井主要分布在伊盟隆起地区，有纯产水井和气水同产井，其中主要为气水同产井。

通过盆地东部盒 8 段 10 口产水井 27 块薄片资料的统计，该产水层段储层岩石骨架颗粒组成主要为石英，其次为岩屑。其中，石英碎屑主要为单晶石英，多来自岩浆岩，少数具波状消光的石英来自变质岩区，个别有压裂破碎，多晶石英量少，主要为燧石；岩屑组分以变质岩岩屑(包括石英岩、片岩、千枚岩、板岩和变质砂岩)占绝对优势，火成岩岩屑次之，沉积岩岩屑少量；长石量少或无。气层段储层岩石分选性为好或中等，磨圆度主要为次圆和次棱状。

薄片鉴定结果表明，盆地东部盒 8 段产水层段石英颗粒占骨架颗粒的 53.71%~86.05%，平均为 73.62%。产水层段岩屑占骨架颗粒的 13.95%~44.00%，平均为 23.88%。盆地东部盒 8 段产水层段储层岩石类型主要为岩屑石英砂岩，所占比例为 44.44%；其次为岩屑砂岩，所占比例为 33.33%；长石岩屑砂岩所占比例为 22.22%(图 5-15)。

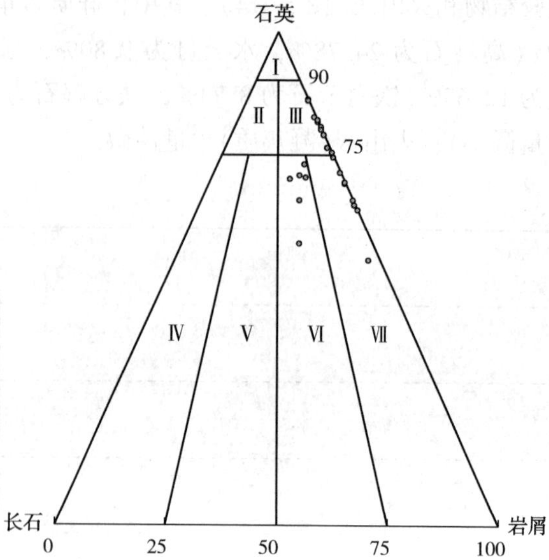

图 5-15　盆地东部盒 8 段产水井岩石类型

Ⅰ—石英砂岩；Ⅱ—长石石英砂岩；Ⅲ—岩屑石英砂岩；Ⅳ—长石砂岩；
Ⅴ—岩屑长石砂岩；Ⅵ—长石岩屑砂岩；Ⅶ—岩屑砂岩

根据盆地东部盒 8 段 10 口产水井 27 块砂岩填隙物含量统计，产水层段填隙物占碎屑岩成分的 5.00%~25.00%，平均为 11.76%。填隙物主要为硅质、黏土矿物、碳酸盐胶结物和火山灰(图 5-16)。其中，黏土矿物含量最高达 66.93%(高岭石为 16.59%，水云母为 44.84%，绿泥石为 5.51%)；硅质含量为 20.27%；碳酸盐胶结物含量为 10.01%(铁方解石为 8.30%，铁方解石为 1.71%)；火山灰(凝灰质)少量。

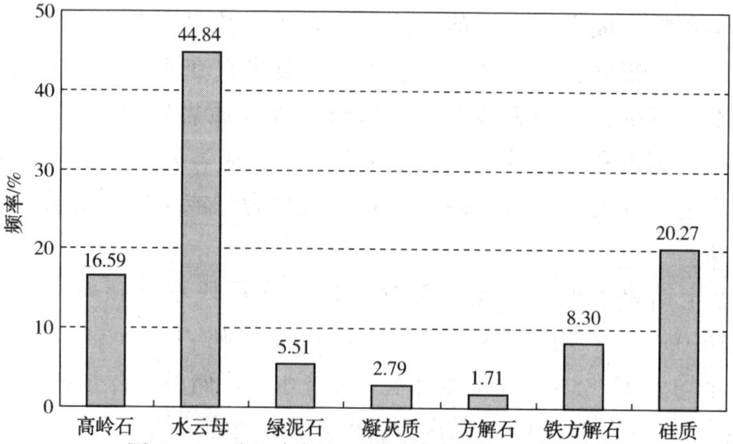

图 5-16　盆地东部盒 8 段产水层段填隙物含量

3. 盆地西部盒 8 段

盆地西部盒 8 段产水井包括气水同产井和纯产水井。

通过盆地西部盒 8 段 29 口产水井 97 块薄片资料的统计，该产水层段储层岩石骨架颗粒组成主要为石英，其次为岩屑。其中，石英碎屑主要为单晶石英，多来自岩浆岩，少数具波状消光的石英来自变质岩区，个别有压裂破碎，多晶石英量少，主要为燧石；岩屑组分以变质岩岩屑（包括石英岩、片岩、千枚岩、板岩和变质砂岩）为主，其次为火成岩岩屑、泥化碎屑和钙化碎屑，沉积岩岩屑少量；长石量少或无。气层段储层岩石分选性为好或中等，磨圆度主要为次圆和次棱状。

薄片鉴定结果表明，盆地西部盒 8 段产水层段石英颗粒占骨架颗粒的 41.72%～96.39%，平均为 84.46%。产水层段岩屑占骨架颗粒的 3.61%～58.28%，平均为 15.54%。盆地西部盒 8 段产水层段储层岩石类型主要为岩屑石英砂岩，所占比例为 62.89%；其次为石英砂岩，所占比例为 25.77%；岩屑砂岩所占比例为 11.34%（图 5-17）。

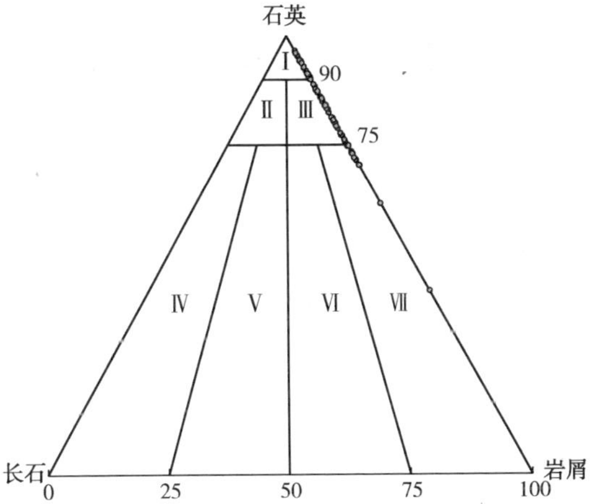

图 5-17 盆地西部盒 8 段产水井岩石类型

Ⅰ—石英砂岩；Ⅱ—长石石英砂岩；Ⅲ—岩屑石英砂岩；Ⅳ—长石砂岩；
Ⅴ—岩屑长石砂岩；Ⅵ—长石岩屑砂岩；Ⅶ—岩屑砂岩

根据盆地西部盒 8 段 29 口产水井 97 块砂岩填隙物含量统计数据可知，产水层段填隙物占碎屑岩成分的 6.00%～29.00%，平均为 14.44%。填隙物主要为硅质、黏土矿物、碳酸盐胶结物和火山灰（图 5-18）。其中，黏土矿物含量最高达 56.97%（高岭石为 23.81%，水云母为 29.94%，绿泥石为 2.95%）；硅质含量为 35.69%；碳酸盐胶结物含量为 4.72%（铁方解石为 4.24%，方解石和铁白云岩少量）；火山灰（凝灰质）含量为2.90%。

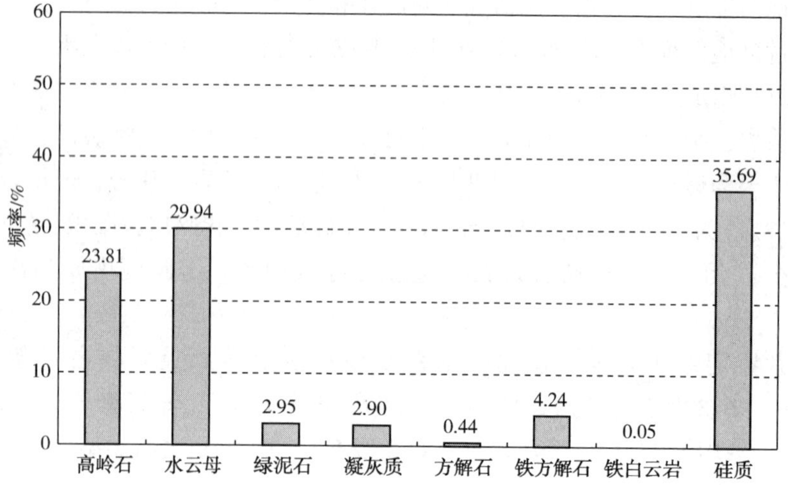

图5-18　盆地西部盒8段产水层段填隙物含量

第3节　上古生界流体分布的压力特征

地层压力作为一种能量（动力）贯穿天然气成藏的全过程，与盆地内油气藏的形成和分布关系密切，是人们长期关注的热点之一（Mark Webster等，2011；Cumella等，2008；李仲东等，2006；袁际华等，2005）。研究普遍认为，鄂尔多斯盆地上古生界以异常低压和常压为主，高压少见（李熙哲等，2003；冯乔等，2007；王震亮等，2007）。气藏负压主要与盆地抬升降温、后期埋深的增加、天然气散失和气水密度差等因素有关（冯乔等，2007；许浩等，2012；华保钦等，1994；王飞雁等，2004）。

一、现今压力分布

地下压力是地球表面以下物体所受的力，按照地下压力的来源，可以分为静水压力、地静压力（岩土压力）和地层压力。

地静压力也称上覆岩层压力。地静压力是上覆岩石骨架和孔隙空间流体（地层水、油、气）的总重力导致的。地静压力可用下式计算：

$$p_r = 0.098H[(1-\varphi)\rho_{ma} + \varphi\rho_f] \qquad (5-1)$$

式中，p_r为地静压力，MPa；H为上覆地层的垂直高度，m；φ为岩石的平均孔隙度；ρ_{ma}为岩层骨架的平均密度，g/cm^3；ρ_f为岩层孔隙中流体的平均密度，

g/cm³。

对上覆岩层压力梯度来说，如果上覆沉积物的总平均密度为 2.3g/cm³，则上覆岩层压力梯度约为 2.3MPa/100m。

地层压力是作用于地层孔隙空间流体(地层水、油、气)上的压力，在气藏中，称之为气层压力。油气藏在开发以前，地层所承受的压力处于相对静止和平衡状态，这时的压力称为原始地层压力。油气藏投入勘探开发后，平衡状态被打破。若要获取准确的原始地层压力资料，就必须保证足够的压力恢复时间。

有效应力、上覆岩层压力和地层压力关系可以用下式表示：

$$p_r = p_f + \sigma \tag{5-2}$$

式中，p_r为地静压力（上覆岩层压力），MPa；p_f为地层压力，MPa；σ 为有效应力，MPa。

有效应力即作用在岩石骨架上的压力。在有效应力不变的情况下，上覆岩层压力的增加能使地层压力增加形成超压异常；反之，上覆岩层压力的减少能使地层压力降低而成为低压异常，这是异常压力形成的主要影响因素之一。

1. 压力资料的识别

国内外地层压力研究实践证明，要想获得地层压力分布的真实情况，就需要对已有的压力资料进行综合分析，整理出可靠的压力测试数据。常规试井中，新井试气结束后的压力恢复测试常采用 Horner 法。对于低渗透地层，压力测试资料的准确性主要取决于原始地层压力的恢复程度。一般情况下，只要能保证足够的压力恢复时间，就可以获得反映原始地层压力的准确资料。根据鄂尔多斯盆地东部上古生界的试井报告、地层测试成果报告和试气地质总结报告等资料，对原始资料本身的精度进行评价，从而可以排除不可靠的压力测试数据(图 5-19)。

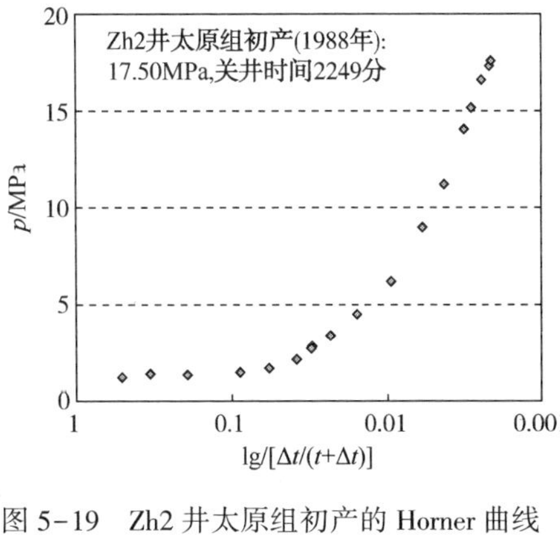

图 5-19　Zh2 井太原组初产的 Horner 曲线

2. 现今压力分布特征

通常根据压力系数对地层压力进行分类。一般来说，压力系数是实测地层压力与同深度静水柱压力的比值。在油藏工程钻井过程中为防止井喷，需要提高钻井液的相对密度来平衡地层压力。实际上，地层中的地下水总是位于地表一定深度以下，若仍沿用工程上的计算方法势必导致压力系数偏低。鄂尔多斯盆地东部为黄土梁峁地貌，不同的地形致使潜水面距离地表的深度差别很大，地下水不存在统一连续的潜水面，无法对压力系数进行统一校正，因此，在研究中仍沿用工程上的计算方法。

各个国家对压力界线的划分有不同的标准，正常压力和异常压力的划分因地区或研究目的的不同而不同，而且主要侧重于工程方面的应用。参照李熙哲(2001)的压力划分方案，可将盆地上古生界压力划分为4种类型：压力系数小于0.9时为异常低压，压力系数为0.9~0.96时为低压，压力系数为0.96~1.06时为常压，压力系数为1.06~1.2时为高压。

1）鄂尔多斯盆地东部上古生界压力分布特征

鄂尔多斯盆地东部上古生界经过详细筛选可获得相对可靠的84口井107个压力数据。鄂尔多斯盆地上古生界存在异常低压、低压、常压和异常高压4种压力类型，分别占5%、22%、60%和13%，其中，常压压力系统占优势(表5-2、图5-20)。

表5-2 鄂尔多斯盆地东部上古生界地层压力统计表

层位	统计数	压力系数<0.9占比	压力系数为0.90~0.96占比	压力系数为0.96~1.06占比	压力系数为1.06~1.2占比
盒5段	2	50%	—	—	50%
盒6段	3	—	33.3%	33.3%	33.3%
盒7段	2	—	50%	—	50%
盒8段	19	11%	21%	42%	26%
山1段	6	—	33%	67%	—
山2段	49	2%	31%	67%	—
太原组	23	5%	5%	71%	19%
本溪组	3	—	—	33%	67%
上古生界合计	107	5%	22%	60%	13%
解释结果	—	异常低压	低压	常压	高压

根据鄂尔多斯盆地山2段44口井的实测压力资料回归可得到地层压力和海拔的函数关系，从而计算得出没有实测点控制区域山2段的地层压力(图5-21)。山2段地层压力分布范围为16~30MPa，主体分布范围为20~28MPa，由西向东呈现逐渐降低趋势(图5-22)。

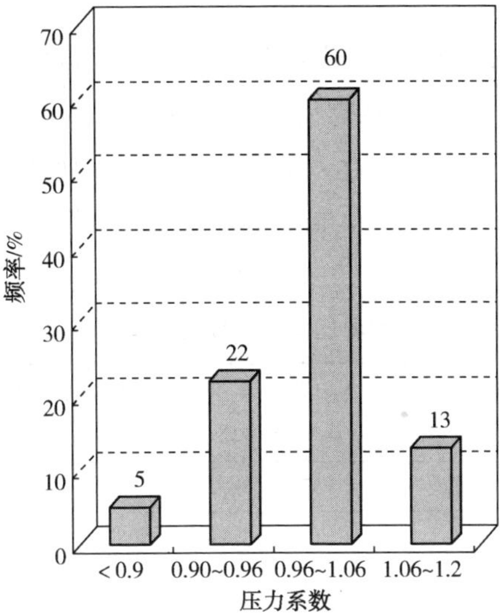

图 5-20　盆地东部上古生界压力系数频率分布图

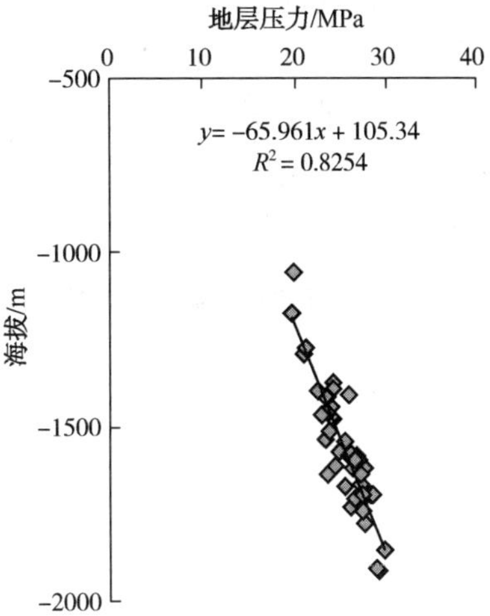

图 5-21　鄂尔多斯盆地东部山 2 段地层压力与海拔关系图

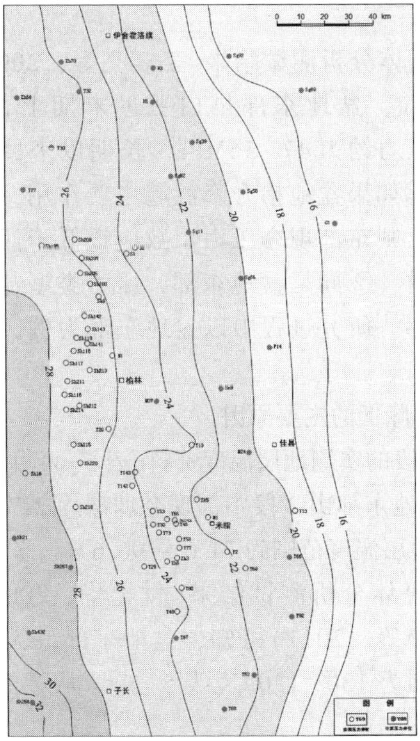

图 5-22　鄂尔多斯盆地东部山 2 段地层压力分布图

2）鄂托克旗地区上古生界压力分布特征

鄂托克旗地区上古生界经过详细筛选可获得相对可靠的71个压力数据。压力系数<0.9的异常低压数据点共51个，占统计数据的72%；压力系数为0.9~0.96的低压数据点共19个，占统计数据的27%；压力系数为0.96~1.06的常压数据点1个，占统计数据的1%。该区上古生界存在异常低压、低压和常压3种压力类型，其中，异常低压占绝对优势（表5-3）。

表5-3 鄂尔多斯盆地苏里格地区上古生界压力系数统计表

层位	统计数	压力系数<0.9占比	压力系数为0.90~0.96占比	压力系数为0.96~1.06占比
盒8上段	19	63%	37%	—
盒8下段	26	85%	15%	—
山1段	26	65%	31%	4%
合计	71	72%	27%	1%
解释结果	—	异常低压	低压	常压

二、现今压力成因

根据盆地流体包裹体分析测试结果（王震亮等，2007；单秀琴等，2007；刘建章等，2008）可知，盆地东部早白垩世末期上古生界地层压力系数1.14~1.66，古地层压力约为47~56MPa。长期以来，对盆地上古生界压力成因存在诸多争议：①如果盆地抬升降温起主要作用，由于盆地东部剥蚀厚度大导致压力降幅大，则东部现今压力系数应该低于西部，与现今地层压力系数东高西低存在矛盾；②同是盆地东部，压力类型却多样，正常压力、异常低压和异常高压并存。研究过程中以盆地东部为例，初步分析了现今压力的成因。

1. 温度下降是压力降低的主要原因

根据子洲气田山2段的实测地层温度资料（表5-4）可知，现今地温梯度平均值为2.84℃/100m。盆地东部山2段中部现今埋深约2274.50~3049.00m，平均为2702.75m；相应的地层温度范围为74.6 ~ 96.6℃，平均为86.8℃。

根据盆地流体包裹体分析测试结果（付金华，2004；刘新社等，2007；曹青等，2007；李艳霞等，2011）可知，盆地东部最大埋深时期山2段地层均一温度主要分布范围为130~170℃（表5-5）。从早白垩世末至今，温度大约降低55~73℃。

表 5-4　鄂尔多斯盆地东部子洲气田山 2 段现今地层温度测试成果表

井号	深度/m	地静温度/℃	地温梯度/(℃/100m)
Y 30 井	2510	84. 3	2. 96
Y29 井	2511	77. 4	2. 68
Y45 井	2533	83. 1	2. 89
Y58 井	2450	79. 6	2. 84
Y 53 井	2500	80. 6	2. 82

表 5-5　鄂尔多斯盆地东部子洲气田地层温度测试成果表(据李艳霞等，2011)

井号	层位	气液比/%	均一温度/℃	宿主矿物
Y20 井	山 2 段	5~8	100~125	石英加大边或愈合裂缝
			135~155	石英晚期加大边或裂缝
L2 井	山 2 段	5~8	105~125	石英加大边或愈合裂缝
			135~150	石英晚期加大边或裂缝
Zh10 井	山 2 段	5~8	95~110	石英加大边或愈合裂缝
			130~155	石英晚期加大边或裂缝

温度降低引起水体积减小，导致天然气赋存空间增大，天然气体积增大。热力学方程(袁际华等，2005；夏新宇等，2001)如下：

$$V = V_0[1 + \alpha_f(T - T_0) - \beta_f \Delta p] \quad (5-3)$$

$$\Delta V = V - V_0 \quad (5-4)$$

$$\Delta V = V_0[\alpha_f(T - T_0) - \beta_f \Delta p] \quad (5-5)$$

式中，V 为温度和压力变化后的水体积，m^3；V_0 为温度和压力变化前的水体积，m^3；α_f 为地层水的膨胀系数，K^{-1}，取 $5\times10^{-4}\ K^{-1}$；β_f 为地层水的压缩系数，Pa^{-1}，取 $3\times10^{-10}\ Pa^{-1}$；T 为变化后水的温度，K；T_0 为变化前水的温度，K；Δp 为压力变化值，Pa，取值 $(20\sim24)\times10^6$ Pa；ΔV 为温度和压力变化引起的水体积变化，m^3。

根据上述公式计算得出，早白垩世末至今，温度降低引起的水体积减小量为 2%~3%左右。由于水体积减小量等于气体体积的增加量，因此，温度降低引起的气体体积增加较小，可忽略不计。

依据盆地东部山 2 段 27 个天然气样品的平均气体成分，计算得出拟临界温度(T_{pc})为 194. 27K，临界压力(p_{pc})为 4. 64MPa，山 2 段其他高压物性参数见表 5-6。假设不存在气体的充注和散失，且忽略天然气体积变化，根据真实气体的状态方程可以计算得出鄂尔多斯盆地温度降低引起的压力下降幅度(ΔP)为 8. 6~

11.1MPa，占整个压力降幅的32%~40%，温度降低是引起气体压力降低的重要原因。ΔP 的具体计算如下：

$$\Delta p = p_{古}\left(1 - \frac{z_{今}\ T_{今}}{z_{古}\ T_{古}}\right) \tag{5-6}$$

式中，Δp 为温度下降导致的压力降低值，MPa；$p_{古}$ 为早白垩世末期的地层压力，MPa；$z_{今}$、$z_{古}$ 为现今、早白垩世末期的气体偏差系数；$T_{今}$、$T_{古}$ 为现今、早白垩世末期的地层温度，K；拟对比温度为地层温度与拟临界温度的比值；拟对比压力为地层压力与拟临界压力的比值。

表 5-6 鄂尔多斯盆地东部山 2 段天然气不同地质时期的高压物性参数

时期	地层温度/℃	地层压力/MPa	拟对比温度	拟对比压力	压缩因子
现今	74.6~96.6	20~28	1.79~1.90	4.31~6.03	0.89~0.96
最大埋深时期	130~170	47~56	2.07~2.28	10.13~12.07	0.94~1.00

2. 天然气聚散平衡的改变

气藏形成是天然气聚集与逸散的一个动态平衡过程。地层抬升剥蚀抑制了生烃过程，导致天然气生成速率低于散失速率，地层压力释放速率大于增长速率。

鄂尔多斯盆地米脂气田南侧断裂带裂隙中充填有富含天然气包裹体的方解石脉，而含天然气包裹体的方解石脉热释光年龄为新生代，而且天然气包裹体气体与米脂气田同属于煤成天然气(李荣西等，2007)。鄂尔多斯盆地在后期改造过程中，盆地中北部气田中成熟度较高的上古生界天然气向北运移并散失，使红色砂岩在还原性流体作用下将铁还原转移或以黄铁矿的形式沉淀，从而形成了盆地东北部延安组砂岩的漂白现象(马艳萍等，2007)。富含天然气包裹体的方解石脉和砂岩漂白均是天然气逸散的良好证据。

盆地东部上古生界砂岩包裹体形成时期恢复的古流体压力，可以看作成藏时期的储层古压力，由此可计算出储层总的剩余压力。另外，根据鄂尔多斯盆地单井压实曲线，通过平衡深度法可以计算欠压实作用产生的剩余压力。由于储层剩余压力主要是欠压实和生烃增压共同作用的结果，因此，生烃增压作用产生的剩余压力即储层总的剩余压力和欠压实作用产生的剩余压力之差(表 5-7)。由于地层抬升剥蚀抑制了生烃过程，因此，扩散导致的压力降低即把生烃增加的压力释放，因而盆地东部气田山 2 段扩散压力降幅最高会达 5.3~8.2MPa，占整个压力降幅的 20%~30%，天然气聚散平衡的改变是压力下降的重要原因。

表 5-7　鄂尔多斯盆地东部上古生界储层最大埋藏时期剩余压力

气田	盒 8 段剩余压力/MPa		山 2 段剩余压力/MPa	
	欠压实作用	生烃增压作用	欠压实作用	生烃增压作用
榆林气田	8.8	5.96	6.99	8.17
子洲气田	10.49	3.49	9.38	7.01
米脂气田	11.23	3.57	10.63	5.33

3. 现今埋深的差异性

地层压力出现负压、正常压力还是异常高压受多种条件影响，主要取决于储层与周围的连通情况(华保钦等，1994)。Barker 认为，隔离的刚性体，其压力系数随埋藏过程而降低。在鄂尔多斯盆地东部，上古生界压力系数与埋藏深度呈良好的负相关性。以子洲气田山 2 段为例，10 口井平均地层压力为 23.54MPa，平均地层埋深为约 2500m，压力系数为 0.96。若地层埋深增加 100m，则计算压力系数为 0.92，压力系数明显降低。

对于整个鄂尔多斯盆地而言，上古生界现今地层压力系数东部高西部低，与现今地层埋深密切相关。早二叠世晚期，受海西构造活动的影响，南北差异升降显著，南北相带分异增强(陈全红，2007)。沉积格局的东西差异消失，下石盒子组现今地层厚度东西向差异小于 10~20m，表明下石盒子组沉积时期东西埋深差别不大。现今盆地西部盒 8 段地层埋藏深度比东部深 1100~1200m，主要缘于早白垩世末期盆地西部地区抬升剥蚀量比东部小 800~1000m(陈瑞银等，2008)以及上覆地层沉积厚度约 200~300m 的差异。尽管鄂尔多斯盆地西部地区压力比东部地区高约 8~9MPa，由于现今地层埋藏深度东部浅，导致压力系数东部比西部高(表 5-8)。鄂尔多斯盆地上古生界现今地层压力系数东高西底，与现今地层埋深的差异性相关：盆地东部压力下降幅度大，由于现今地层埋藏深度浅，因而压力系数比西部高。

4. 沟壑纵横的地貌

地形地貌特征不仅控制着鄂尔多斯盆地水系的发育和分布，还会对地下水流系统产生重要的影响。鄂尔多斯盆地地貌沟壑纵横，根据抽水实验可知，白垩系洛河组水头埋深 40.77~296.25m，平均为 158.4m(表 5-9)。

表 5-8　鄂尔多斯盆地西部和东部盒 8 段地层压力对比

地区	早白垩世末期剥蚀厚度/m	现今压力系数	现今埋深/m	古压力/MPa	现今压力/MPa	压力下降幅度/MPa
盆地东部	1300~1800	0.88~1.15/1.04	1947~2489	47~56	19~24	28~32
盆地西部	500~800	0.85~0.96/0.89	3156~3632	47~56	27~33	20~23

表 5-9 鄂尔多斯盆地白垩系抽水实验成果表(据陕西地矿局，2005)

孔号	孔位	地面标高/m	层位	水头埋深/m	水头标高/m
ZX1 井	吴旗县铁边城镇	1410	K_1l	162.54	1247.46
BK0201 井	定边县油房庄乡学校旁	1584	K_1l	296.25	1287.75
BK5 井	靖边县三岔乡三岔渠村	1580	K_1h+K_1l	232.7	1347.3
BK1 井	靖边县东抗乡黄峁村	1366.2	K_1l	40.77	1325.43
BK2 井	定边县安边镇西园子村	1436	K_1l	160.72	1275.28
B9 井	定边县张崾岘乡桥儿沟	1305	K_1l	69.36	1235.64
B13 井	靖边县中山界	1483	K_1l	146.4	1336.6

通过统计盆地东部上古生界地层压力系数和补心海拔关系可以看出：整个鄂尔多斯盆地域气田地层压力系数和补心海拔都呈现良好的负相关性(图 5-23、图 5-24)。因此，现今的地层压力系数低与现今的地貌分布有一定关系。

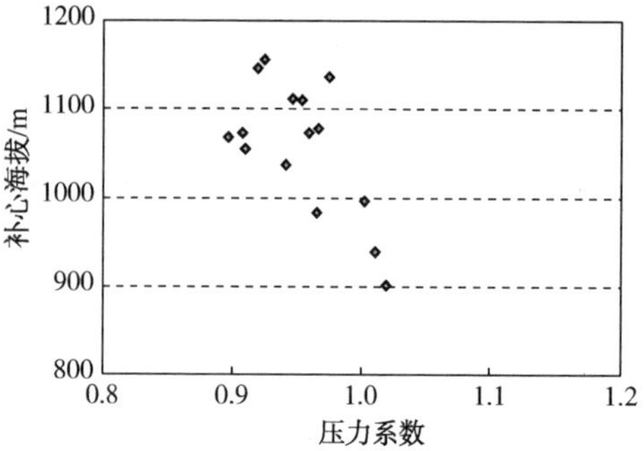

图 5-23 鄂尔多斯盆地东部子洲气田山 2 段地层压力系数和补心海拔关系图

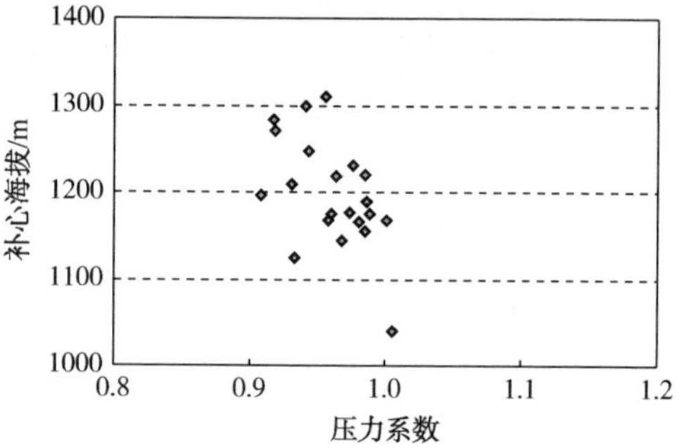

图 5-24 鄂尔多斯盆地东部榆林气田山 2 段地层压力系数和补心海拔关系图

三、压力分布和天然气富集关系

1. 鄂尔多斯盆地东部上古生界

根据鄂尔多斯盆地东部上古生界现今地层压力系数和无阻流量关系分析可知，整个鄂尔多斯盆地现今地层压力分布和天然气富集没有明显相关性(图 5-25)。

根据盆地东部上古生界子洲气田和榆林气田现今地层压力系数和无阻流量关

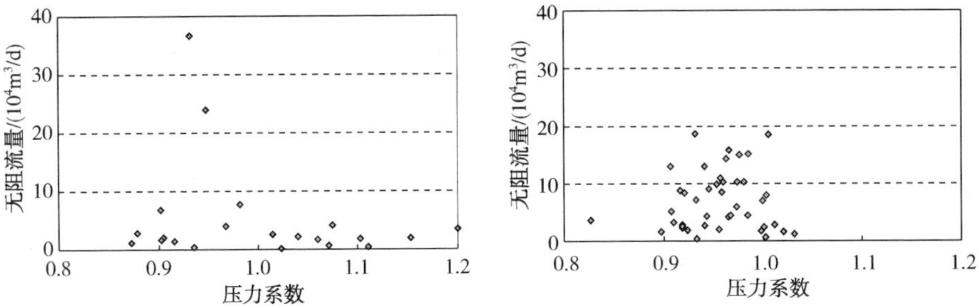

图 5-25　鄂尔多斯盆地东部上古生界现今地层压力系数和无阻流量关系图

系分析可知，现今地层压力系数分布和气藏分布存在一定的正相关性(图 5-26、图 5-27)。

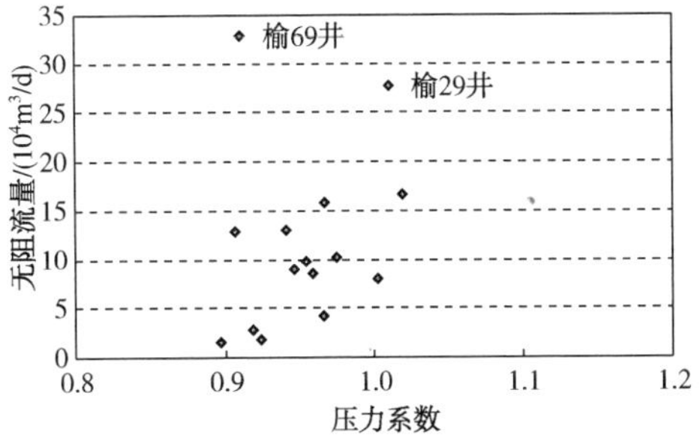

图 5-26　鄂尔多斯盆地东部子洲气田山 2 段现今地层压力系数和无阻流量关系图

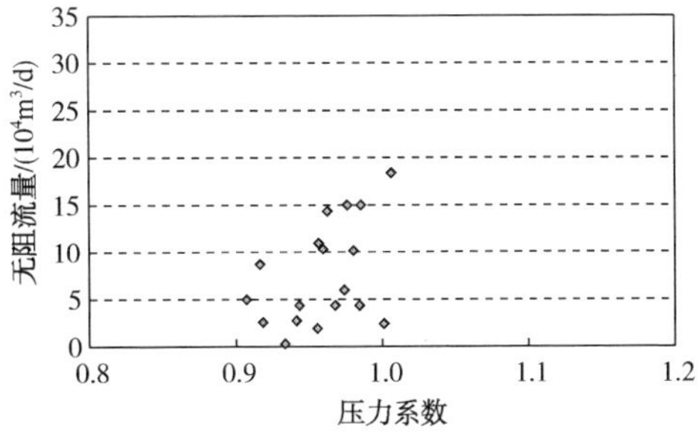

图 5-27　鄂尔多斯盆地东部榆林气田山 2 段现今地层压力系数和无阻流量关系图

2. 鄂托克旗地区上古生界

根据鄂托克旗地区上古生界现今地层压力系数和无阻流量关系分析可知，整个鄂尔多斯盆地现今地层压力分布和气藏分布没有明显相关性(图 5-28)。鄂托

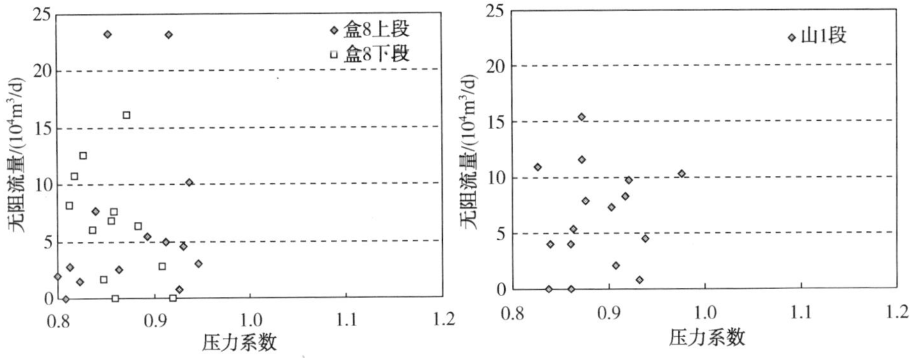

图 5-28　鄂托克旗地区上古生界现今地层压力系数和无阻流量关系图

克旗地区上古生界产水井的压力系数为 0. 81~0. 92，同产气井相比没有明显差异（表 5-10）。

表 5-10　鄂托克旗地区上古生界产水井的压力系数

井号	层位	射孔井段/m	静压/MPa	产气量/($10^4m^3/d$)	产水量/(m^3/d)	无阻流量/($10^4m^3/d$)	压力系数
Su18 井	盒 8 上段	3557. 0~3568. 0	28. 73	1. 23	15. 60	1. 50	0. 82
Su 327 井	盒 8 上段	3638. 0~3641. 0	28. 84	2. 29	27. 00	—	0. 81
Su 42 井	盒 8 下段	3599. 0~3603. 0	27. 59	4. 70	10. 60	5. 29	0. 78
E11 井	盒 8 下段	3426. 5~3429. 0	30. 50	2. 47	12. 60	2. 82	0. 91
E6 井	盒 8 下段	3471. 0~3476. 0	31. 30	0. 10	20. 91	0. 00	0. 92
Su 330 井	盒 8 下段	3610. 0~3612. 5	28. 97	4. 27	8. 70	10. 76	0. 82
Su 46 井	山 1 段	3616. 0~3620. 0	30. 60	1. 82	9. 00	5. 39	0. 86

第6章 影响流体分布的微观孔隙结构及赋存机理

鄂尔多斯盆地上古生界储层具有分布面积广、埋藏深度大、成岩演化作用复杂、储层物性差、非均质性强的特点，致密砂岩储层的强非均质性是影响流体分布的重要因素。为了研究影响流体赋存特征的微观因素，本章在分析上古生界复杂地层水产出机理和赋存状态基础上，进一步探讨了影响流体分布的储层微观孔隙结构特征。

第1节 流体产出机理

一、纯产气井

纯产气井原始含水饱和度低，原始含水饱和度小于临界含水饱和度(地层水开始流动的饱和度)，试气过程中没有地层水产出，仅有气体产出。

Su90井盒8下段测井解释原始含水饱和度为33.91%(3639.8~3644.6m)，Su90井盒8下段相对渗透率曲线确定的临界含水饱和度为42.61%(图6-1)；试气结果为产气$1.2\times10^4 m^3/d$，产水为零。Su40井山1段测井解释原始含水饱和度为43.45%(3785.8~3789.3m)，Su40井山1段相对渗透率曲线确定的临界含水饱和度为52.43%(图6-1)；试气结果为产气$6.05\times10^4 m^3/d$，产水为零。这两口井原始含

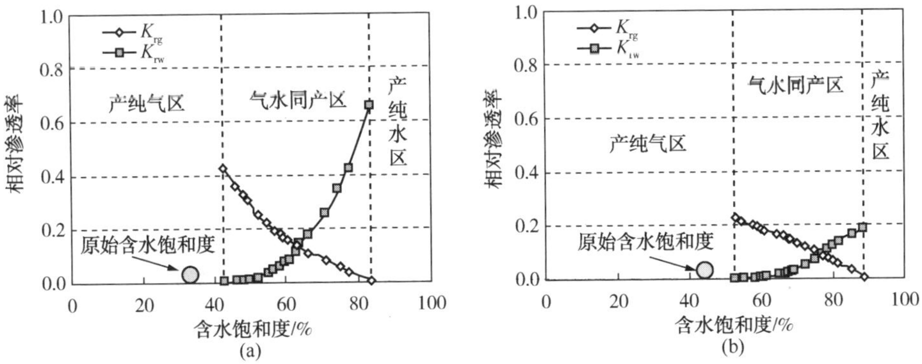

图6-1 Su90井盒8下(a)和Su 40井山1段(b)相对渗透率曲线

水饱和度小于临界含水饱和度，试气过程中没有地层水产出，仅有天然气产出。

Y37 井山 2 段测井解释原始含水饱和度为 38. 37%(2880. 8~2891. 0m)，相对渗透率曲线确定的临界含水饱和度为 54. 51 %(图 6-2)；试气结果为无阻流量 $102.6\times10^4 m^3/d$，产水为零。Y77 井山 2 段测井解释原始含水饱和度为 25. 07 %(2484. 1~2489. 0m)，相对渗透率曲线(2489m)确定的临界含水饱和度为 38. 48%(图 6-2)；试气结果为产气 $4.43\times10^4 m^3/d$，产水为零。

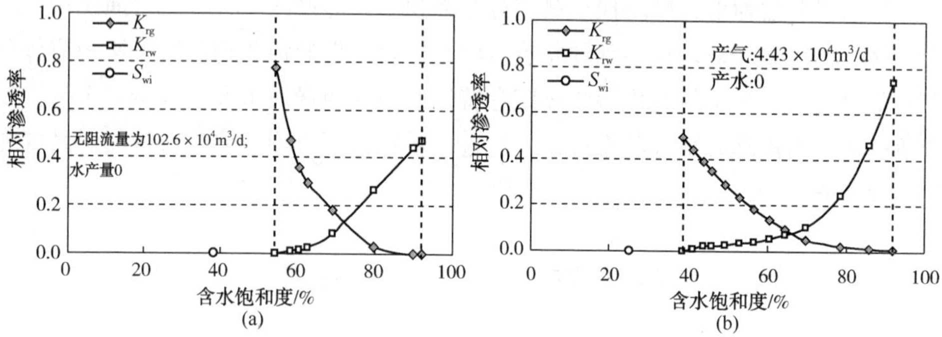

图 6-2　Y37 井山 2 段(a)和 Y77 井山 2 段(b)相对渗透率曲线

二、气水同产井

气水同产井原始含水饱和度高，原始含水饱和度大于临界含水饱和度，试气过程中气水同产。

Z78 井山 1 段测井解释原始含水饱和度为 55. 77%(2784. 4~2790. 4m)，Z78 井山 1 段相对渗透率曲线确定的临界含水饱和度为 52. 7%(图 6-3)；试气结果为产气 $0.6\times10^4 m^3/d$，产水 $1.2m^3/d$。T40 井山 2 段测井解释原始含水饱和度为 50. 14%(2397. 9~2401. 5m)，T40 井山 2 段相对渗透率曲线确定的临界含水饱和

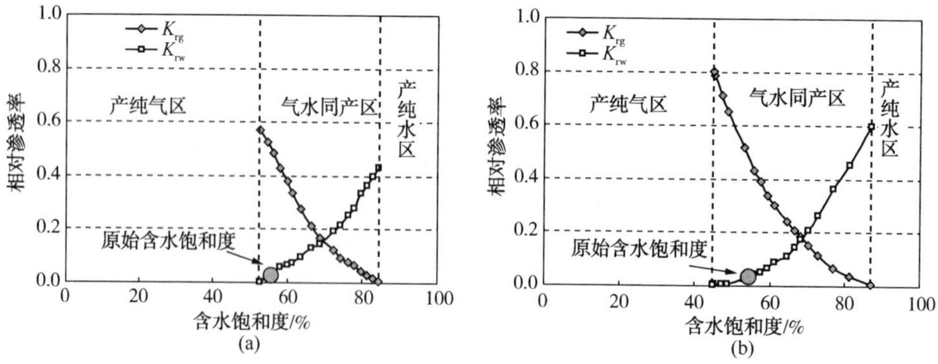

图 6-3　Z78 井山 1 段(a)和 T40 井山 1 段(b)相对渗透率曲线

度为 44.82%(图 6-3)；试气结果为产气 $0.2\times10^4m^3/d$，产水 $11.0m^3/d$。这两口井原始含水饱和度高，原始含水饱和度大于临界含水饱和度，试气过程中气水同产。

Y139 井山 2 段测井解释原始含水饱和度为 72.90%(2879.2～2886.5m)，Y139 井山 2 段相对渗透率曲线确定的临界含水饱和度为 22.8%(图 6-4)；试气结果为产气 $1.46\times10^4m^3/d$，产水 $15m^3/d$。Su102 井盒 5 段测井解释原始含水饱和度为 42.58%(3363.4～3370.5)，Su102 井盒 5 段(3363m)相对渗透率曲线确定的临界含水饱和度为 35.33%(图 6-4)；试气结果为产气 $0.52\times10^4m^3/d$，产水 $12.8m^3/d$。

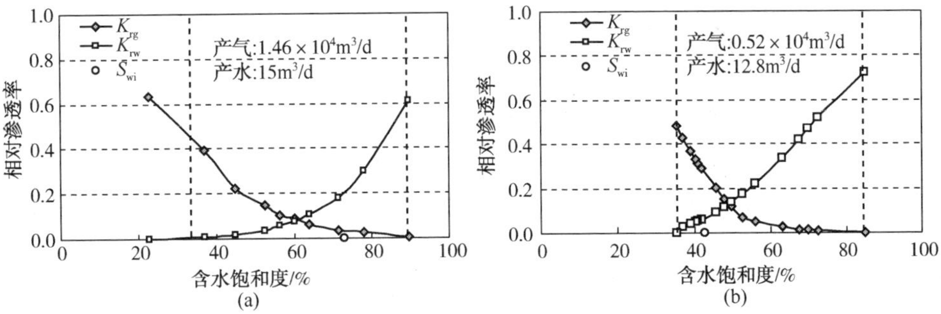

图 6-4 Y139 井山 2 段(a)和 Su102 井盒 5 段(b)相对渗透率曲线

根据鄂托克旗地区上古生界 13 口产气井气水相对渗透率曲线统计，地层水的临界流体饱和度为 30.43%～56.9%，平均为 45%(表 6-1)。岩石临界流体饱和度受岩石孔隙结构等因素影响。总体而言，鄂尔多斯盆地上古生界气水分布规律复杂，邻井产能差异大，影响其产出机理的主要因素包括：①原始含气饱和度/原始含水饱和度；②临界流体饱和度。

表 6-1 鄂托克旗地区上古生界试气井地层水的临界流体饱和度统计表

井号	层位	气层井段/m	产气量/($10^4m^3/d$)	产水量/(m^3/d)	无阻流量/($10^4m^3/d$)	临界流体饱和度/%	原始含水饱和度/%
Su40 井	山 1 段	3785.8～3789.3	6.05	0.0	15.42	52.43	43.45
Su71 井	盒 8 下段	3380.7～3388.0	7.10	0.0	18.42	34.70	33.76
Su72 井	盒 8 下段	3254.0～3266.3	7.47	0.00	16.11	39.72	44.20
T3 井	山 1 段	3378.6～3382.0	4.34	0.00	—	49.30	35.06
Sh59 井	太原组	2780.5～2784.0	4.42	0.00	—	30.43	27.30
T36 井	盒 8 下段	2527.4～2532.0	2.11	0.00	—	33.66	39.64
Z39 井	山 1 段	2917.3～2920.1	1.02	0.00	—	45.10	42.63

续表

井号	层位	气层井段/m	产气量/($10^4m^3/d$)	产水量/(m^3/d)	无阻流量/($10^4m^3/d$)	临界流体饱和度/%	原始含水饱和度/%
Su264 井	盒 8 下段	3564.4~3571.0	1.16	0.0	—	50.89	44.39
Su90 井	盒 8 下段	3639.8~3644.6	1.20	0.0	—	42.61	33.91
Z39 井	盒 8 下段	2883.8~2888.1	1.25	5.1	—	38.30	48.50
Z82 井	盒 8 下段	3276.1~3284.0	2.03	6.00	—	53.20	44.92
Z43 井	山 22 段	3169.4~3173.9	2.12	9.60	—	52.30	64.54
Su327 井	盒 8 上段	3637.8~3645.7	2.29	27.00	—	56.90	64.00

三、高产水井区解剖

鄂托克旗生气强度大于 $16\times10^8m^3/km^2$ 的地区，气体充注强度大，气驱水彻底，乌审召-苏里格-吉尔一线以东范围内试气井主要以纯产气井为特征。该线以西生气强度小于 $16\times10^8m^3/km^2$，气体充注强度降低，气驱水不彻底，试气井主要以气水同产、纯产水井为特征，在该范围内主要以毛细管水为特征，局部发育自由水。

1. 高渗砂体的构造低部位产自由水——Su60 井区、苏 107 井区

Su60 井盒 8 上段 3666.59m 处孔隙结构好(图 6-5)，中值孔喉半径达 1.21μm。Su60 井盒 8 上段位于高渗砂体的构造低部位，气水分异彻底，构造低部位产水。Su 107 井盒 8 上段 3589.01m 处孔隙结构好，中值孔喉半径达 1.43μm。Su 107 井盒 8 上段位于高渗砂体的构造低部位，气水分异彻底，构造低部位产水。

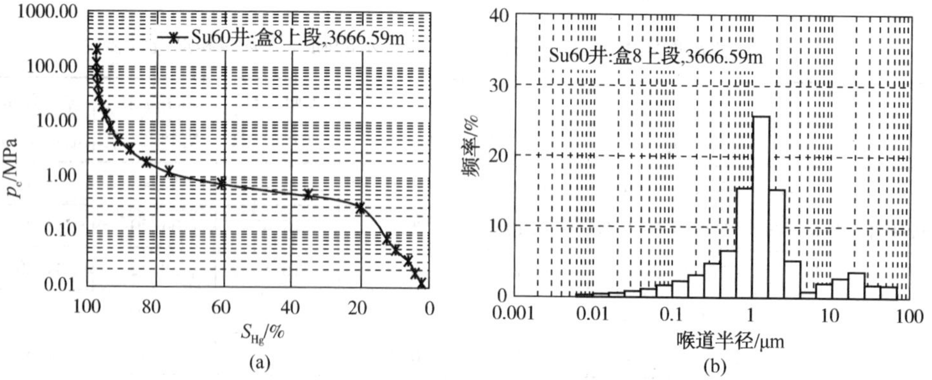

图 6-5 Su60 井盒 8 段射孔井段压汞曲线(a)、喉道半径分布图(b)

2. 河道侧翼高产水—Su 188 井区、Su 117 井区

鄂托克旗地区产自由水的井大部分为河道侧翼高产水。运用地球物理等资料，建立了苏里格地区储层测井曲线，详细解剖了该类型山 1 段和盒 8 段储集层系内部砂岩与泥岩的分布特征(图 6-6)。从 Su 188 井区的 3 口井(Su 188 井、Su 164 井、Su 167 井)、Su 118 井区的两口井(Su 118 井、Su 150 井)可以看出，这些井的盒 8 下段和山 1 段以泥岩为主，烃源岩生成的天然气缺乏运移通道运移到盒 8 上段储层中，河道侧翼产大水，该类型水属于成藏过程中残留地层水。

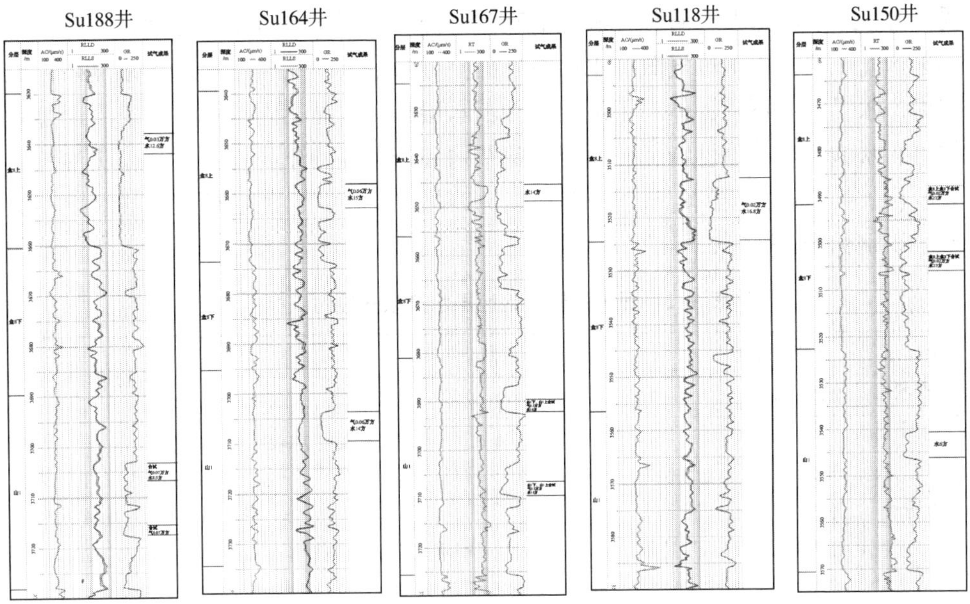

图 6-6　河道侧翼产水井综合柱状图

第 2 节　地层水的赋存机理

以子洲气田为例，气柱高度根据压力系统和气藏剖面分布特征确定，子洲气田山 2 段现今气柱高度一般为 10 ~40m，个别井区气柱高度达 50m(Y30 井区)。根据气体产生的浮力和毛细管阻力之间的平衡关系，可以计算出理论上浮力可以克服毛细管阻力的孔隙半径范围：

$$F = H\ (\rho_w - \rho_g)\ g \tag{6-1}$$

式中，F 为气体产生的浮力，N；H 为天然气气柱高度，m；ρ_w为地层水密度，子洲气田 ρ_w 为 1.02×10^3 kg/m^3；ρ_g 为地层条件下气体密度，子洲气田在 24MPa、86℃时 ρ_g为 0.16×10^3kg/m^3。

$$p_c = \frac{2\sigma\cos\theta}{r} \qquad (6-2)$$

式中，p_c为毛细管阻力，MPa；σ 为气水两相界面张力，子洲气田在 24MPa、86℃条件下，σ_{gw}取 33mN/m；θ 为润湿接触角，取 0°；r 为毛细管半径。

根据上述公式计算得出，子洲气田气体产生的浮力一般为 0.08～0.34MPa。浮力可以克服毛细管阻力的孔隙半径范围为 0.20～0.78μm，平均为 0.49μm。

地层水在储集层孔隙中的赋存，一方面受控于油气运移动力的大小，同时亦受孔隙大小、喉道及岩石颗粒表面的吸附所控制。鄂尔多斯盆地特别是苏里格西部地区盒 8 段、山 1 段气藏产水层在平面上分布零散，纵向上气水关系复杂，试气后产水量大小不一，体现了地层条件下水层具有明显不同的赋存状态。通过对储层含水饱和度、电性特征、微观孔隙结构和产量等特征分析，结合长庆油田研究院(2009 年)的地层水产状识别标准，归纳出鄂尔多斯盆地不同地层水赋存类型的识别标准(表 6-2)。

表 6-2　鄂尔多斯盆地地层水产状一般判识标准

<table>
<tr><th rowspan="2">地层水产状</th><th rowspan="2">含水饱和度</th><th rowspan="2">电性特征</th><th colspan="3">压汞曲线特征</th><th>孔隙组合</th><th rowspan="2">产量特征</th></tr>
<tr><th>R_{50}/μm</th><th>歪度</th><th>分选</th><th></th></tr>
<tr><td rowspan="2">束缚水</td><td rowspan="2">与束缚水饱和度相同</td><td rowspan="2">电性参数一般具有气层特征</td><td colspan="4">当 $R_{50}\geqslant 0.1$ 时，充注强度比较大，气驱水彻底，仅微毛细管孔隙中仅残留束缚水</td><td rowspan="2">多数为纯产气井；少数井产水，主要为凝析水或压裂水</td></tr>
<tr><td>≤0.1</td><td>偏细歪度</td><td>分选较差</td><td>晶间孔
微裂隙</td></tr>
<tr><td>毛细管水</td><td>大于束缚水饱和度</td><td>电阻率曲线纵向呈现韵律式变化</td><td>0.10～0.80</td><td>中等歪度</td><td>分选中等</td><td>溶蚀孔
晶间孔</td><td>气水同产井</td></tr>
<tr><td>自由水</td><td>大于束缚水饱和度</td><td>电阻率明显降低</td><td>≥0.80</td><td>粗歪度</td><td>分选较好</td><td>粒间孔
晶间孔
溶蚀孔</td><td>产水量大，一般产水量 ≥$10m^3$/d，有时微产气</td></tr>
</table>

一、地层水产状

1. 束缚水

在天然气运移过程中，即便在运移动力非常充足的情况下，天然气仍不可能把岩石孔隙中的水完全驱替出去，会有一定量的水残存在岩石孔隙中。这些水多数分布和残存在岩石颗粒接触处角隅、微细孔隙中或吸附在岩石骨架颗粒表面。由于特殊的分布和存在状态，这一部分水在一般油气层条件下不能自由移动，因而被称为束缚水、不可动水、残余水或吸附水，相应的饱和度称为束缚水饱和度。在生产实践中，束缚水饱和度是指在压汞曲线中驱替压力达到最高时岩石中所对应的含水饱和度。

人们常把孔隙直径小于 0.2μm、裂缝宽度小于 0.1μm 的孔隙称为微毛细管孔隙或无效孔隙。当 R_{50}大于 0.1μm 时，充注强度比较大，气驱水彻底，仅微毛细管孔隙中仅残留束缚水。电性参数一般具有气层特征，主要发育在致密砂岩储层或优质储层的微毛细管孔隙中。本小节分别以 Y58 井山 2 段、Zh46 井盒 8 下段、Su64 井山 1 段和 Su 69 井盒 8 下段为例进行分析。

鄂尔多斯盆地 Y58 井山 2 段(2524.7m)试气层段岩石样品为中值孔道半径 1.01μm(图 6-7)，粗歪度，双峰，分选较差，试气结果无阻流量为 10.25×10^4 m^3/d，不产水。这类井由于运移动力充足或输导体系发育，地层中原始含水饱和度为束缚水饱和度，因此试气过程中不产水。

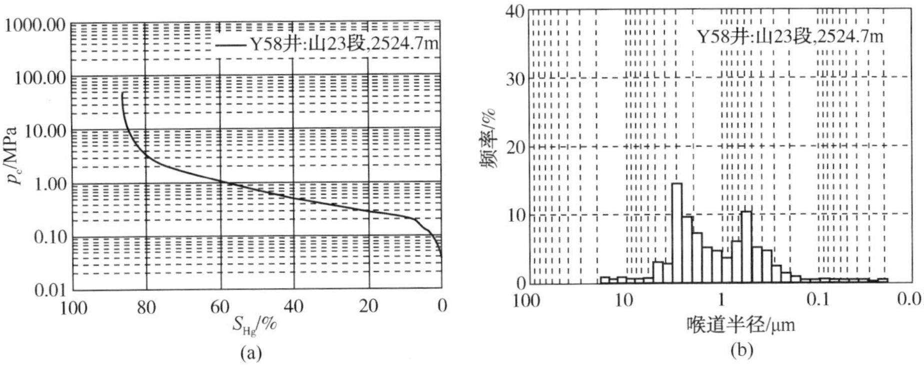

图 6-7　子洲气田 Y58 井射孔井段压汞曲线(a)、喉道半径分布图(b)

Zh46 井盒 8 下段测井解释为差气层厚 7.4m，视电阻率为 24.8Ωm，声波时差为 233.9μs/m，密度为 2.54g/cm³；岩心物性分析平均孔隙度为 9.44%，平均渗透率为 $0.39\times10^{-3}\mu m^2$；试气结果为产气 $2.2\times10^4 m^3/d$(井口产量)，产水为零。射孔试气层段压汞曲线较陡(图 6-8)，排驱压力为 1.17MPa，中值喉道半径为 0.01μm，

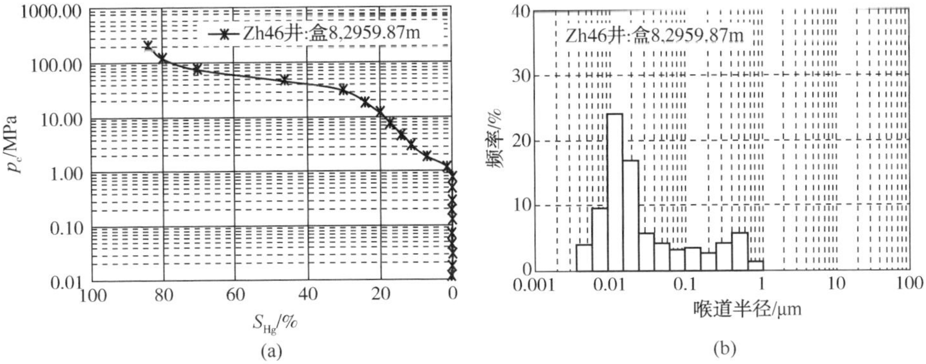

图 6-8　鄂托克旗地区 Zh46 射孔井段压汞曲线(a)、喉道半径分布图(b)

细歪度，从孔喉半径分布图可以看出，小于 0.1μm 的喉道占 70%以上。

Su64 井山 1 段测井解释为差气层厚 3.9m，视电阻率为 21.9Ωm，声波时差为 238.48μs/m，密度为 2.49g/cm³，平均孔隙度为 9.26%，平均渗透率为 $0.1\times10^{-3}\mu m^2$，试气结果为产气 $0.1225\times10^4 m^3/d$(井口产量)。射孔试气层段压汞曲线(图 6-9)呈陡坡性，排驱压力为 1.17MPa，中值喉道半径为 0.03μm，细歪度，从喉道半径分布图(图 6-9)可以看出，喉道半径小于 0.1μm 的喉道占 70%以上。

Su 69 井盒 8 下段测井解释为气层厚 2.3m，视电阻率为 32.92Ωm，声波时差为 268.71μs/m，密度为 2.36 g/cm³，平均孔隙度为 17.96%，平均渗透率为 $34.98\times10^{-3}\mu m^2$，试气结果为产气 $9.7941\times10^4 m^3/d$(井口产量)。射孔试气层段压汞曲线呈陡坡性，排驱压力为 0.01MPa，中值喉道半径为 1.75μm，粗歪度，分选较差，从喉道半径分布图(图 6-10)可以看出，喉道半径大于 1.0μm 的喉道约占 50%以上。

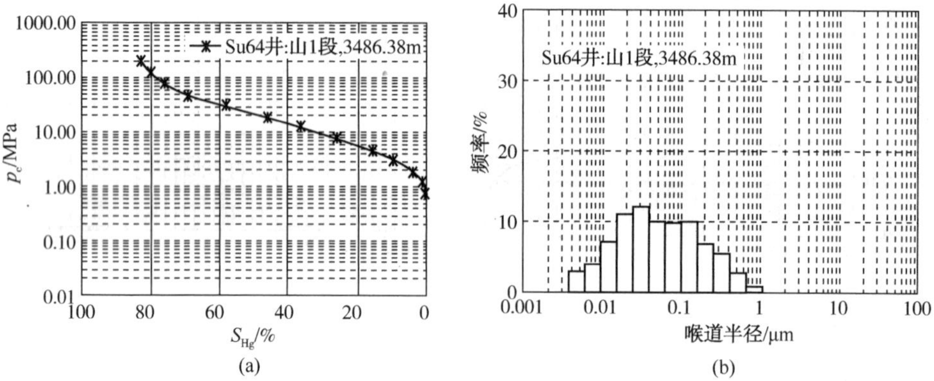

图 6-9　鄂托克旗地区 Su64 射孔井段压汞曲线(a)、喉道半径分布图(b)

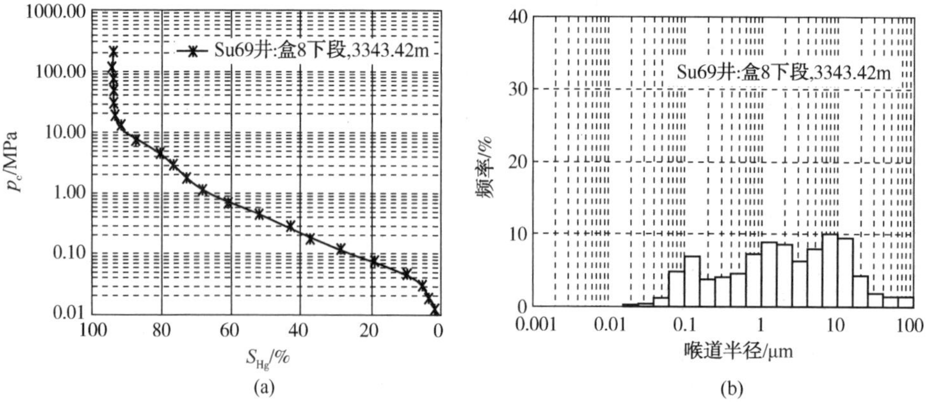

图 6-10　鄂托克旗地区 Su69 射孔井段压汞曲线(a)、喉道半径分布图(b)

2. 毛细管水

当天然气成藏过程中运移动力小于运移的阻力时，地层水就会保存在毛细管孔隙-裂缝中而没有被驱替出去，造成孔隙中气水共存的赋存状态(图 6-11、图 6-12)。因此，毛细管水主要发育于天然气充注强度不足的河道侧翼、主河道沉积旋回顶面的细粒砂岩储层中。毛细管水存在于非均质性较强储层的细毛管中，主要受毛管力控制，重力作用影响小，产水量一般为 5~10m^3/d。电性参数一般水层特征不明显。本小节分别以 M9 井山 2 段、Su 57 井盒 8 段、Su 2 井盒 8 上段为例进行分析。

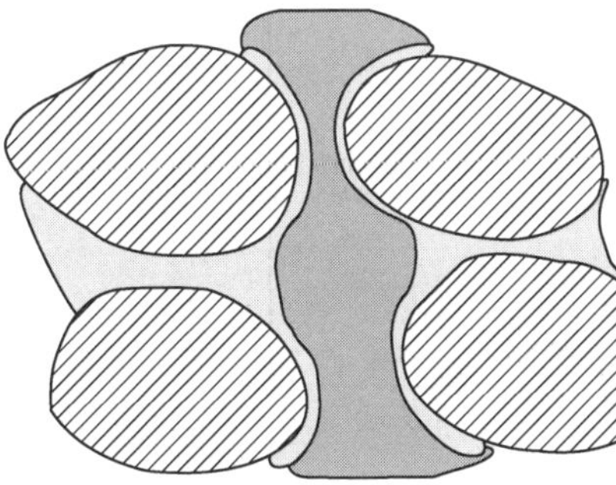

图 6-11 毛细管水形成过程微观示意图

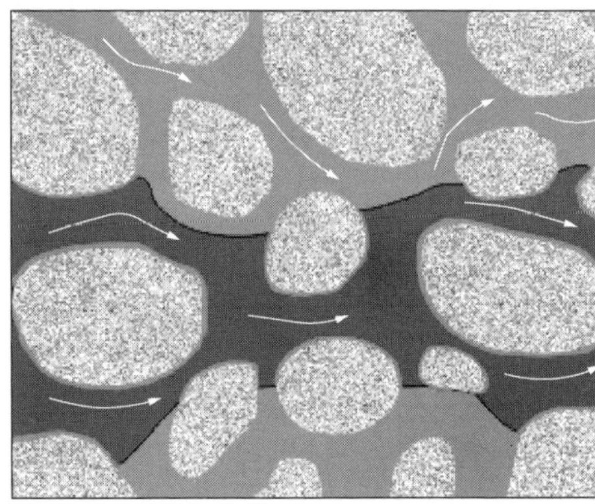

图 6-12 毛细管水渗流过程微观示意图

鄂尔多斯盆地 M9 井山 2 段 2651.1~2654.9 井段，试气结果无阻流量为 3.33×10^4m^3/d，产水 8.1m^3/d，分析产水类型为毛细管水(图 6-13)。

Su2 井盒 8 上段在井深 3396.4~3405.6m 处测井解释为气层，厚 9.2m，视电阻率为 20.6Ω·m，声波时差为 232.76μs/m，平均孔隙度为 10.16%，平均渗透率为 0.4537×10^{-3} μm^2；试气结果为产气 4.18×10^4 m^3/d(井口产量)，产水 18.5m^3/d。射孔试气层段压汞曲线(图 6-14)略宽缓，中值喉道半径为 0.39μm，中等歪度。

Su57 井盒 8 段测井解释为气水层，厚 2.8m，视电阻率为 28.39Ω·m，声波时差为 226.23μs/m，密度为 2.46g/cm^3，平均孔隙度为 8.60%，平均渗透率为 0.52×$10^{-3}$$\mu m^2$；试气结果为产气 2.2×$10^4m^3$/d(井口产量)，产水 18.5$m^3$/d。射孔试气层段压汞曲线略宽缓，排驱压力为 0.4571MPa，中值喉道半径为 0.2024μm，偏细歪度。

3. 自由水-边(底)水和透镜体水

在低幅度构造和低渗透背景条件下，局部孔隙结构、物性较好的储层，受成藏条件或成藏后构造弱分异作用控制，会形成残留于储层或砂体底部的水。自由

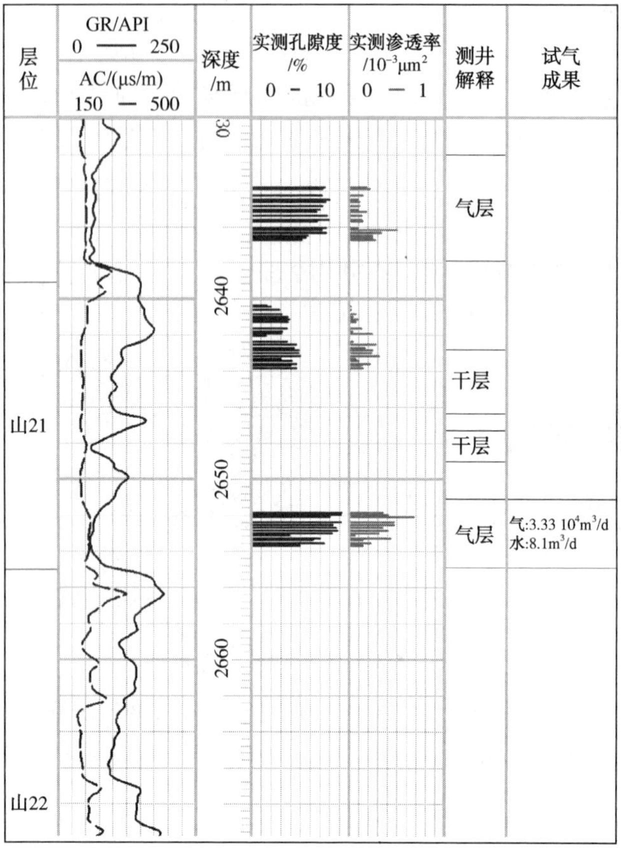

图 6-13 M9 井山 2 段测井解释综合图

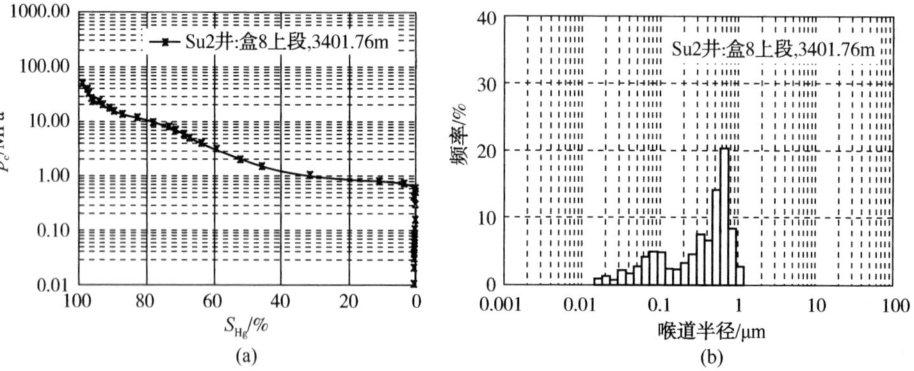

图 6-14 苏 2 井盒 8 上段射孔井段压汞曲线(a)、喉道半径分布图(b)

水包括边底水和透镜体水，产水量较大，电性参数具有明显的水层特征(图 6-15、图 6-16)。

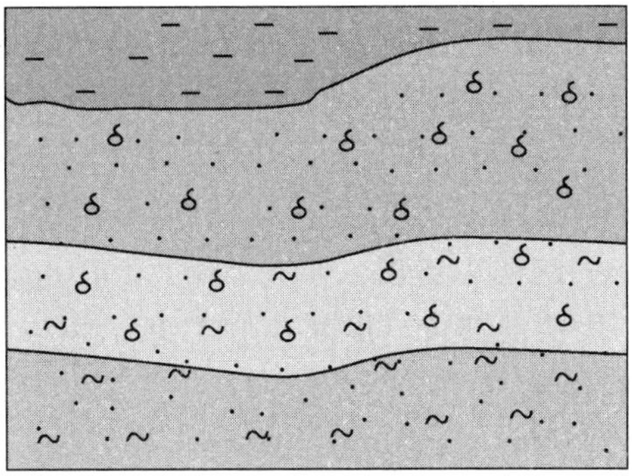

图 6-15　边(底)水形成机理示意图

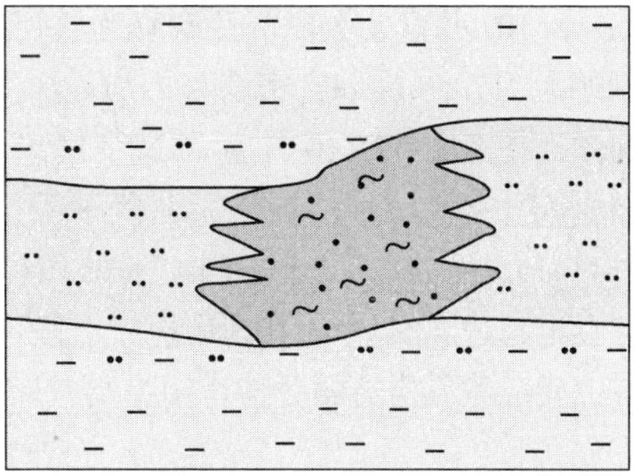

图 6-16　透镜体水形成机理示意图

边底水是在连通的砂体区，上气下水、气水分异相对比较彻底，形成构造高部位富集天然气，构造低部位富集地层水的气水分布模式。该类水体地层水分布相对集中，生产过程中产水量相对较大，主要分布于主河道构造下倾部位。Y44 井山 2 段(图 6-17)、Su 107 井盒 8 上段具有典型的边底水特征。

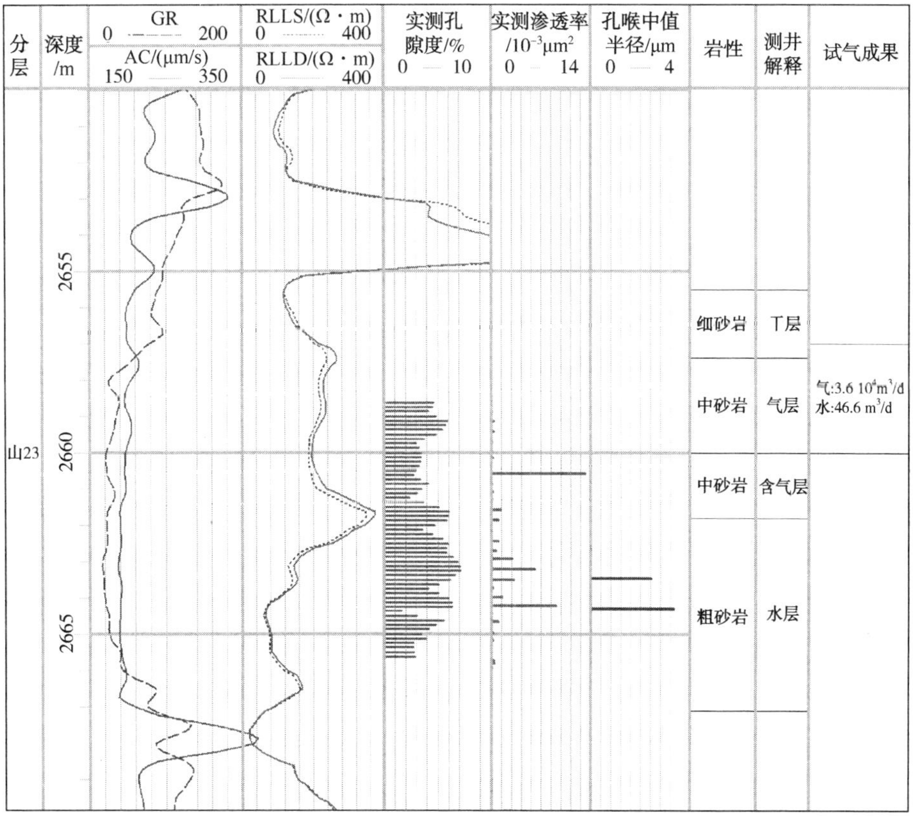

图 6-17　Y44 井山 2 段测井解释综合图

Su107 井盒 8 上段测井解释为气层厚 6.9m，视电阻率为 95.29Ω·m，声波时差为 217.59μs/m，密度为 2.51g/cm^3；岩心物性分析平均孔隙度为 7.82%，平均渗透率为 1.12×10^{-3}μm^2；试气结果为产气 0.06×10^{4}m^3/d（井口产量），产水 15m^3/d。射孔试气层段压汞曲线平缓，排驱压力为 0.25MPa，中值喉道半径为 1.43μm，粗歪度，从喉道半径分布图（图 6-18）可以看出，喉道半径大于 0.8μm 的喉道超过 70%。Su 107 井盒 8 上段位于构造低部位，局部孔隙结构、物性较好，受成藏后构造弱分异作用控制，形成自由水。

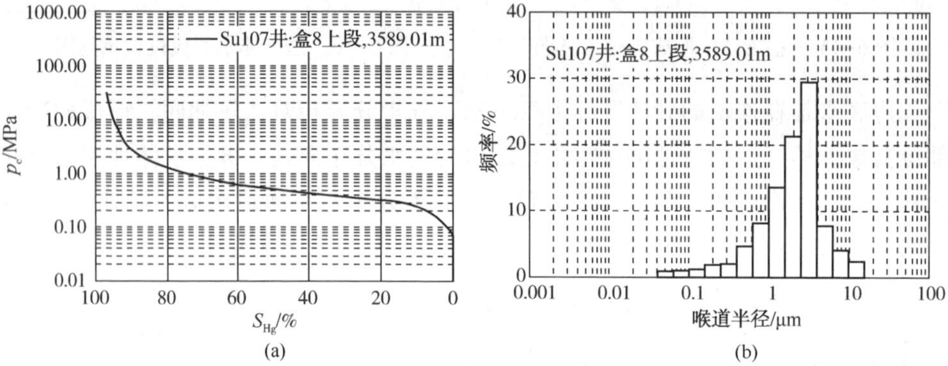

图 6-18　Su107 井盒 8 上段射孔井段压汞曲线（a）、喉道半径分布图（b）

透镜体水是孤立的水体，由于岩性致密或泥质含量高的砂岩段遮挡，以及成岩作用的变化，会造成储层条件变化，而形成一个四周封闭或半封闭的带（金文辉，2010）。由于地层水流动性差，基本属于地层水滞留。Y47 井和 Y42 井产水具有比较典型的透镜体水特征（图 6-19、图 6-20）。

二、地层水产状分布规律

1. 盆地东部山 2 段

根据盆地东部山 2 段孔隙结构、气水产量特征绘制了地层水产状分布图，盆地东部山 2 段油气运移动力大，产出水类型以自由水为主（图 6-21）。

盆地西部盒 8 上、下段属于中部成藏组合，油气运移动力相比下部成藏组合降低，产出水类型以毛细管水为主。

2. 鄂托克旗地区

根据鄂托克旗地区盒 8 上段孔隙结构、气水产量特征绘制了地层水产状分布图（图 6-21），地层水产状呈带状分布，由西向东依次分布毛细管水和束缚水，自由水零星分布。其中，乌审召-苏里格-吉尔一线以东主要为束缚水分布区，该线以西为毛细管水分布区。总体而言，束缚水区基本位于生气强度大于 16×

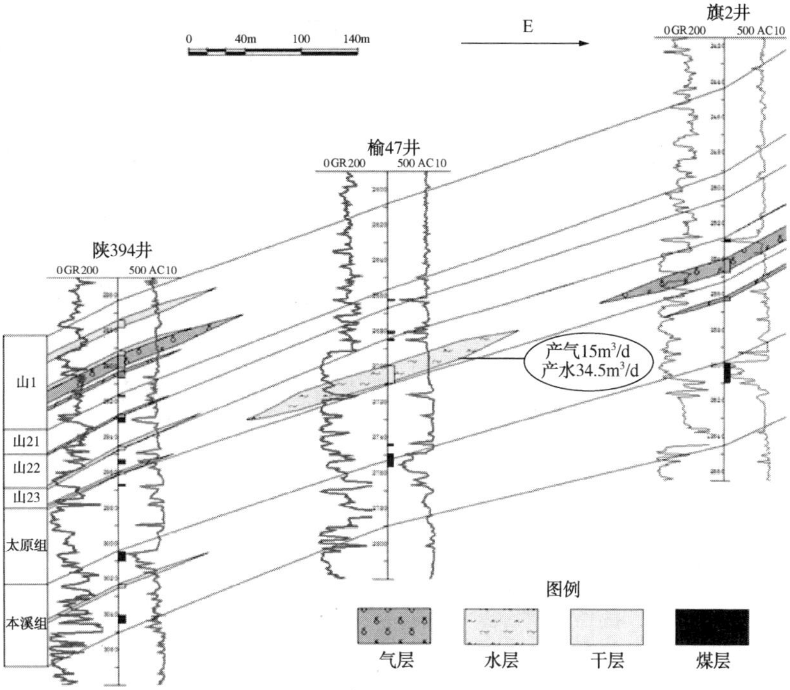

图 6-19　陕 394 井～麒 2 井上古生界气藏剖面图

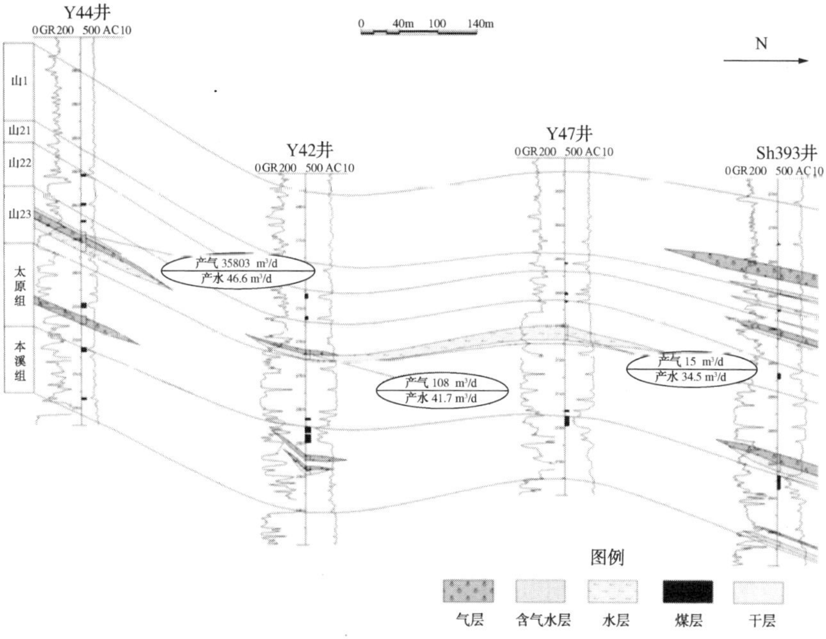

图 6-20　Y44 井～Sh393 井上古生界气藏剖面

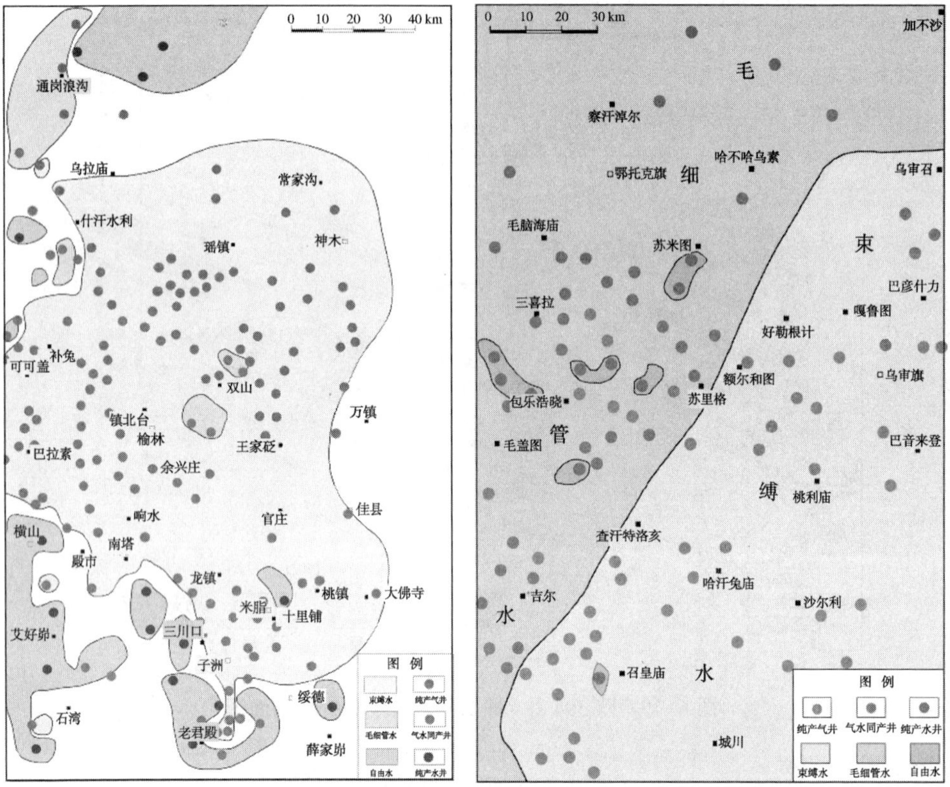

(a) (b)

图 6-21 盆地东部山 2 段(a)和鄂托克旗地区盒 8 上段(b)地层水产状分布图

$10^8m^3/km^2$的东部地区，天然气运移动力比较充足，原始含水饱和度为束缚水饱和度，测井解释含水饱和度一般小于 40%。束缚水分布区试气井主要为产气井，气产量大小不一。

毛细管水主要分布在鄂尔多斯盆地生气强度小于 $16×10^8m^3/km^2$的西部和北部地区，天然气运移动力不足，原始含水饱和度高，试气井主要为气水同产井。

自由水呈零星分布在鄂尔多斯盆地西部，这些纯产水井也包括了部分微产气的产水井(表 6-3)，自由水井的压裂液返排率大部分大于 100%，因而保证了产出水来源于地层水。

表 6-3 鄂托克旗地区盒 8 上段自由水井试气数据表

井号	气层井段/m	压裂入井总液量/m^3	压裂返出总液量/m^3	压裂液返排率/%	产气量/($10^4m^3/d$)	产水量/(m^3/d)
Su67 井	3453.8~3458.8	241.00	247.20	103	0.0198	10.20

续表

井号	气层井段/m	压裂入井总液量/m^3	压裂返出总液量/m^3	压裂液返排率/%	产气量/($10^4 m^3/d$)	产水量/(m^3/d)
Su60 井	3664. 2~3673. 8	278. 82	273. 10	98	0. 0000	25. 80
Su188 井	3638. 0~3642. 0	117. 20	107. 20	91	0. 0348	12. 60
Su 164 井	3658. 1~3662. 9	142. 10	190. 50	134	0. 0552	15. 00
Su167 井	3645. 4~3648. 8	72. 00	132. 70	184	0. 0000	14. 00
Su117 井	3574. 0~3579. 1	128. 10	146. 10	114	0. 0490	16. 00
Su131 井	3547. 9~3551. 0	187. 30	203. 40	109	0. 0333	8. 40
Su118 井	3512. 5~3524. 2	163. 10	175. 80	108	0. 0159	16. 80
Su184 井	3606. 0~3616. 6	204. 90	225. 00	110	0. 0707	24. 00
Su56 井	3430. 0~3432. 5	209. 80	165. 40	79	0. 0887	20. 90

第 3 节　流体分布的微观孔隙结构

为了分析天然气和地层水富集砂体的孔隙结构特征异同，根据压汞测试获得的物性资料、压汞曲线及岩石薄片确定的孔隙类型详细分析了不同流体分布的砂体孔隙结构特征。

一、天然气储集砂体的微观孔隙结构

1. 盆地东部山 2 段

1）子洲气田

由产气井气层段压汞测试资料 5 口井 11 个样品绘制渗透率与孔隙度的关系图，子洲气田山 2 段储层孔隙度分布范围为 5. 5%~9. 4%，渗透率分布范围为 0. 24×10^{-3}~1. 79×10^{-3} μm^2，二者具有较好的正相关性（图 6-22）。

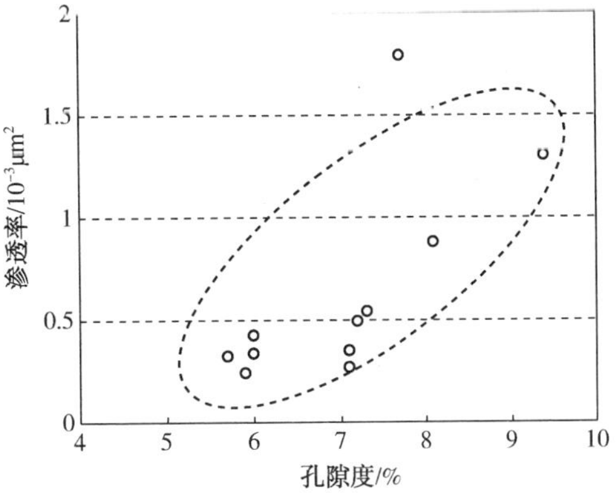

图 6-22　子洲气田产气井山 2 段渗透率与孔隙度关系图（5 口井 11 个样品）

盆地东部子洲气田山 2 气层段主要为三角洲前缘水下分流河道沉积。气层段岩石类型主要为石英砂岩，含少量岩屑砂岩和岩屑石英砂岩。石英砂岩主要为中粗粒、粗粒结构，部分达到砾级。填隙物主要为硅质、黏土矿物、碳酸盐胶结物和火山灰，其中硅质含量最高。

根据子洲气田14口产气井93块岩石薄片统计可知，面孔率为0.5%~10%，平均为3.75%。孔隙类型以粒间孔、溶孔和晶间孔为主，微裂隙极少。其中，粒间孔含量最高，达34.69%；溶孔包括岩屑溶孔(16.78%)、粒间溶孔(15.30%)、杂基溶孔和长石溶孔(图6-23)。晶间孔所占比例为30.43%。由于粒间孔孔隙大、喉道粗且连通性好，在流体流动中发挥重要作用，因此，该层段渗透率与孔隙度具有较好的正相关性。

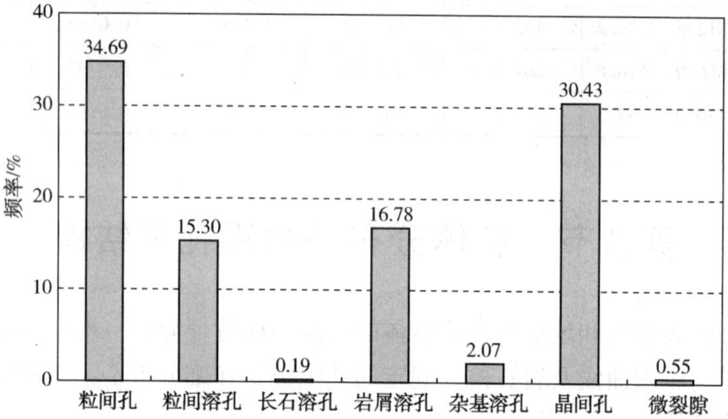

图6-23　子洲气田产气井山2段孔隙类型

由产气井气层段压汞测试资料5口井11个样品分析(图6-24、图6-25)可知，子洲气田山2段中值喉道半径主体位于0.1~0.6μm之间，平均为0.41μm；

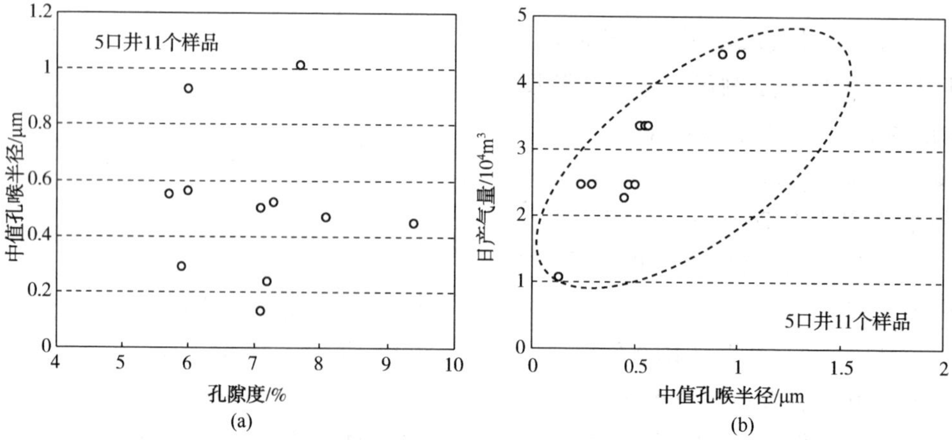

图6-24　子洲气田山2气层段中值孔喉半径与孔隙度(a)、日产气量(b)关系图

最大喉道半径主体位于 0.99~2.50μm 之间，平均为 1.74μm。子洲气田产气井山 2 段中值喉道半径和产气量具有正相关性，表明在气田范围内孔隙结构越好时，产能越高。

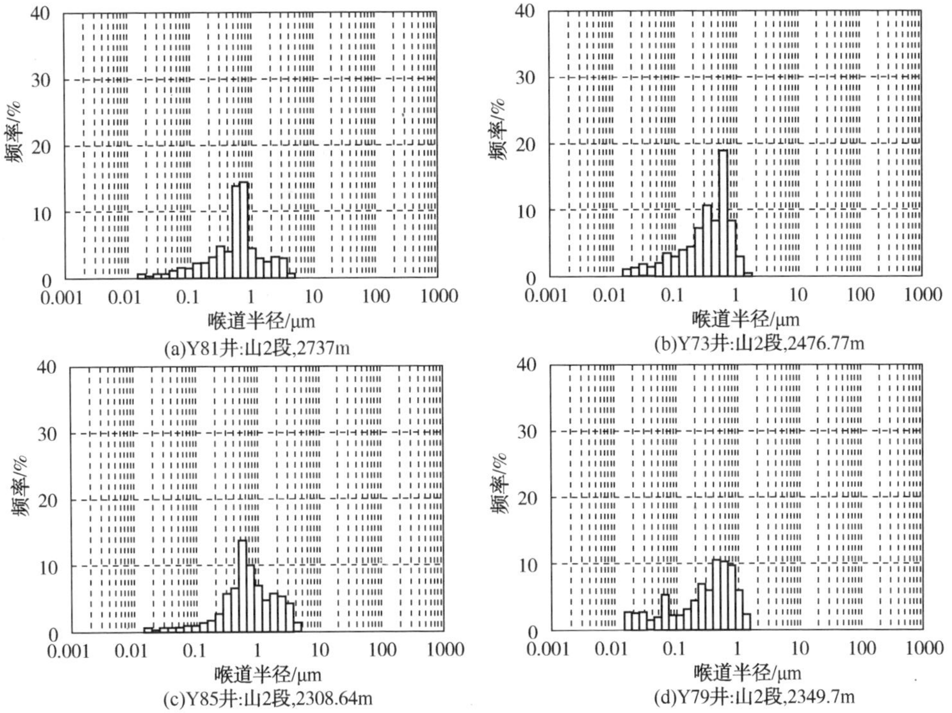

图 6-25 子洲气田产气井山 2 段喉道半径频率分布图

分选系数和变异系数表征喉道分布的均匀程度。分选系数范围为 1.78~2.29，平均为 2，单峰为主；变异系数范围为 0.16~0.23，平均为 0.20；最大进汞饱和度为 75.6%~88.6%，平均为 82.7%。

少数井部分层段中值喉道半径>1μm，分选系数>2.3，双峰或多峰，无阻流量较高（图 6-26）。例如，Y58 井山 2 段 2524.7m 处，砂岩样品中值喉道半径为 1.01μm，分选系数为 2.3，变异系数为 0.23，无阻流量达 $10.25\times10^4m^3/d$；Y69 井山 2 段 2353.52m 处砂岩样品中值喉道半径为 1.86μm，分选系数为 3.2，变异系数为 0.36，无阻流量为 $32.93\times10^4m^3/d$。

2）神木-米脂地区

由产气井气层段压汞测试资料 14 口井 22 个样品绘制渗透率与孔隙度的关系图，神木-米脂地区山 2 段储层孔隙度分布范围为 4.1%~11.1%，渗透率分布范围为 0.09×10^{-3}~2.4×10^{-3}μm^2，二者具有较好的正相关性(图 6-27)。

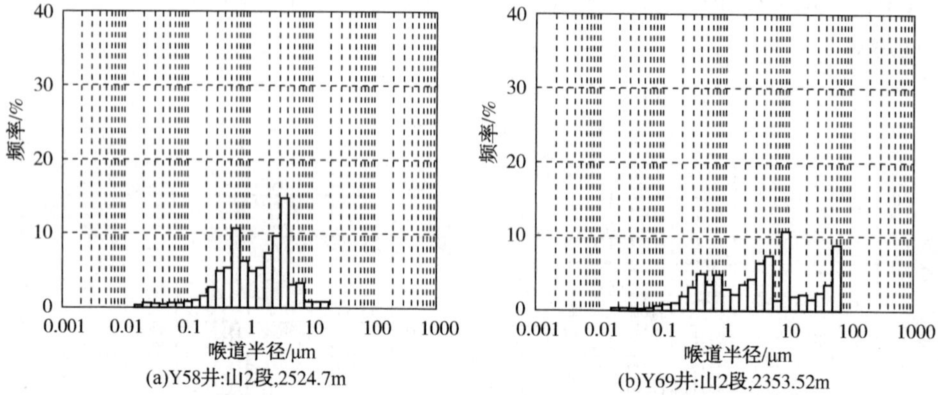

图 6-26　子洲气田高产气井山 2 段喉道半径频率分布图

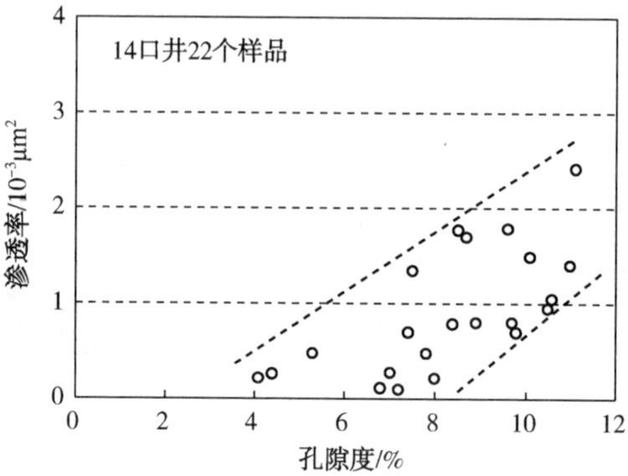

图 6-27　神木-米脂地区产气井山 2 段渗透率与孔隙度关系图

盆地东部神木-米脂地区山 2 气层段主要为三角洲平原分流河道和三角洲前缘水下分流河道沉积。气层岩石类型主要为岩屑砂岩和岩屑石英砂岩。填隙物主要为黏土矿物、碳酸盐胶结物、硅质和火山灰。其中，黏土矿物含量最高达 62.62%。

根据神木-米脂地区 15 口产气井 51 块岩石薄片统计可知，面孔率为 0.5%~6.3%，平均为 2.32%。孔隙类型主要为溶孔和晶间孔。其中，溶孔含量最高，达 81.31%；溶孔包括岩屑溶孔(77.83%)、长石溶孔(2.89%)和粒间溶孔(0.59%)(图 6-28)。晶间孔所占比例为 16.89%，粒间孔和微裂隙少量。由于溶孔发育无规则，孔喉的连通性比粒间孔较差，因此，同样的孔隙度下，不同砂岩的渗透率相差达 5~6 倍。

由产气井气层段压汞测试资料 14 口井 22 个样品(图 6-29、图 6-30)，盆地东部神木-米脂地区山 2 段产气井中值喉道半径分布范围为 0.04~0.24μm，平均为 0.11μm；最大喉道半径主体位于 0.54~2.74μm，平均为 1.61μm。神木-米脂地区产气井山 2 段中值喉道半径和产气量具有一定正相关性。

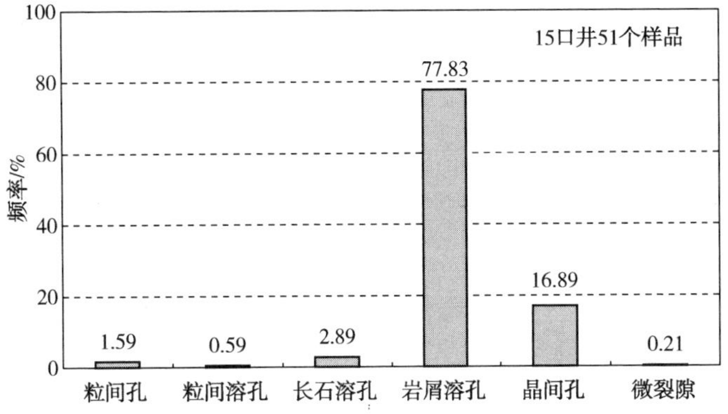

图 6-28　神木-米脂地区产气井山 2 段孔隙类型

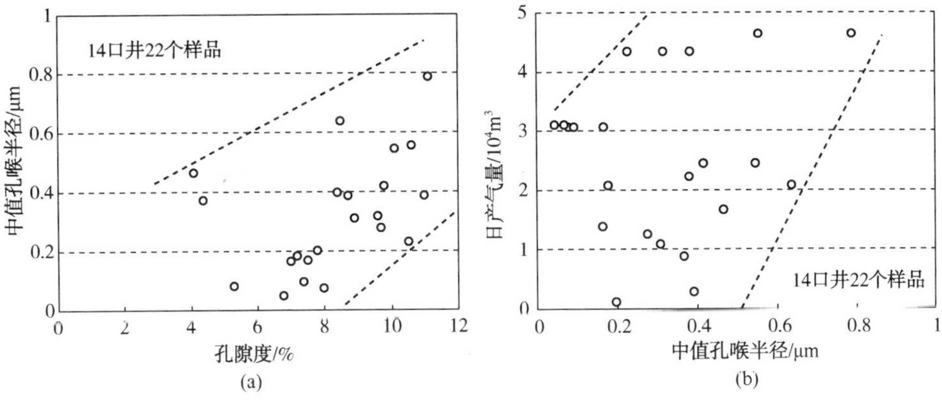

图 6-29　神木-米脂地区山 2 气层段中值孔喉半径与孔隙度(a)、日产气量(b)关系图

分选系数和变异系数表征喉道分布的均匀程度。分选系数范围为 1.23~2.40，平均为 1.90，以单峰为主，变异系数范围为 0.1~0.22，平均为 0.18；最大进汞饱和度为 61.5%~92.1%，平均为 77.6%。

2. 盆地东部山 1 段

1）物性特征

由产气井气层段压汞测试资料 8 口井 11 个样品绘制渗透率与孔隙度的关系图，盆地东部山 1 段储层孔隙度分布范围为 6.0%~15.8%，渗透率分布范围为 0.4×10^{-3}~$6.0\times10^{-3}\mu m^2$，二者具有正相关性不明显(图 6-31)。

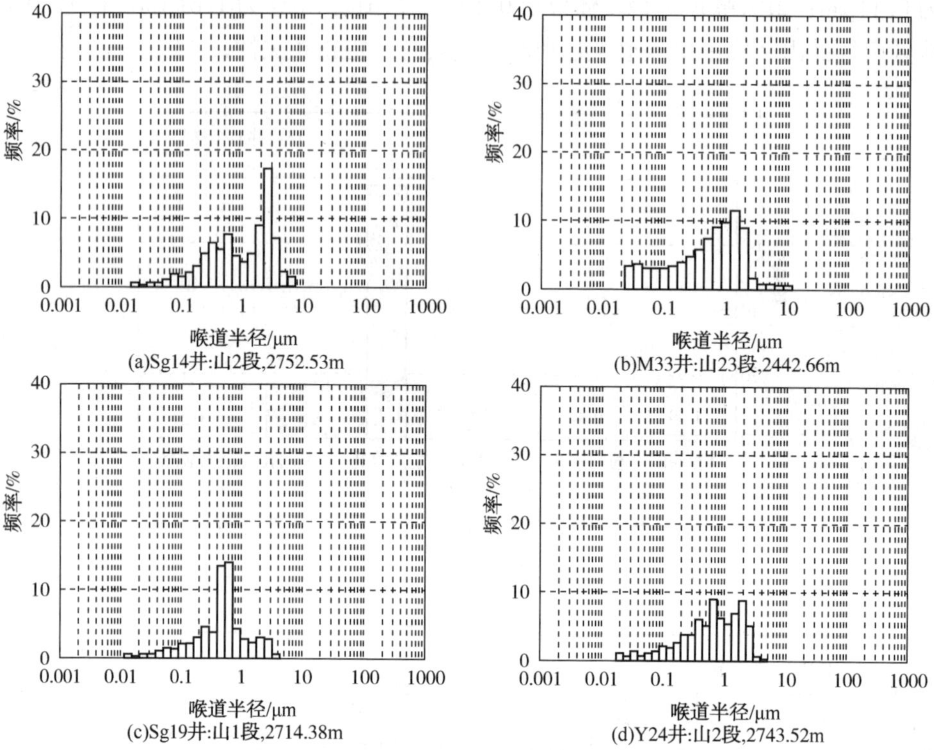

图 6-30　神木-米脂地区产气井山 2 段喉道半径频率分布图

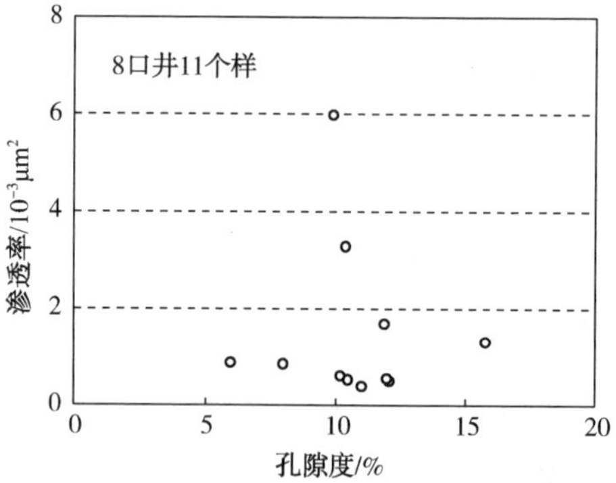

图 6-31　盆地东部产气井山 1 段渗透率与孔隙度关系图

2）孔隙类型

盆地东部山 1 气层段主要为三角洲平原分流河道和三角洲前缘水下分流河道沉积。气层段岩石类型主要为岩屑砂岩和岩屑石英砂岩。填隙物主要为黏土矿物、硅质、碳酸盐胶结物和火山灰。其中，黏土矿物含量最高达 57.97%。

根据盆地东部7口产气井22块岩石薄片统计可知，面孔率为0.3%～2.2%，平均为1.1%。孔隙类型主要为晶间孔、溶孔和微裂隙。其中，晶间孔含量最高，达41.96%；溶孔包括岩屑溶孔（38.32%）和粒间溶孔（1.01%）（图6-32）。微裂隙所占比例为17.64%，粒间孔少量。由于溶孔和微裂隙发育无规则，孔喉的连通性较粒间孔会差一些，因此，同样的孔隙度下，不同砂岩的渗透率相差达约3倍。

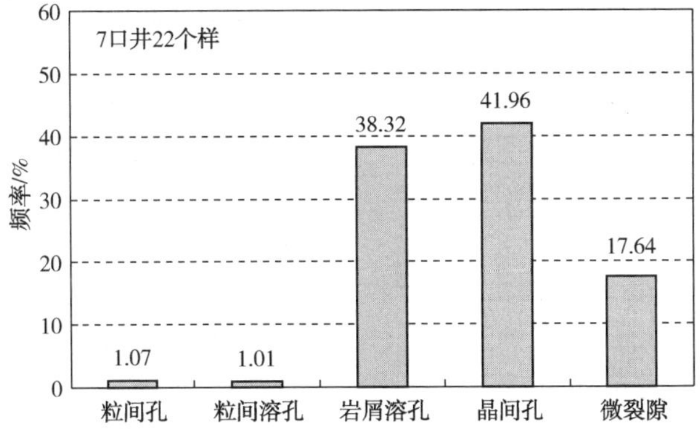

图6-32 盆地东部产气井山1段孔隙类型

3）毛管压力曲线及孔喉分布特征

由产气井气层段压汞测试资料8口井11个样品分析（图6-33、图6-34）可知，盆地东部山1段产气井中值喉道半径分布范围为0.05～0.24μm，平均为0.11μm；最大喉道半径位于0.54～2.74μm之间，平均为1.35μm。盆地东部产气井山1段中值喉道半径和含气饱和度具有一定正相关性。

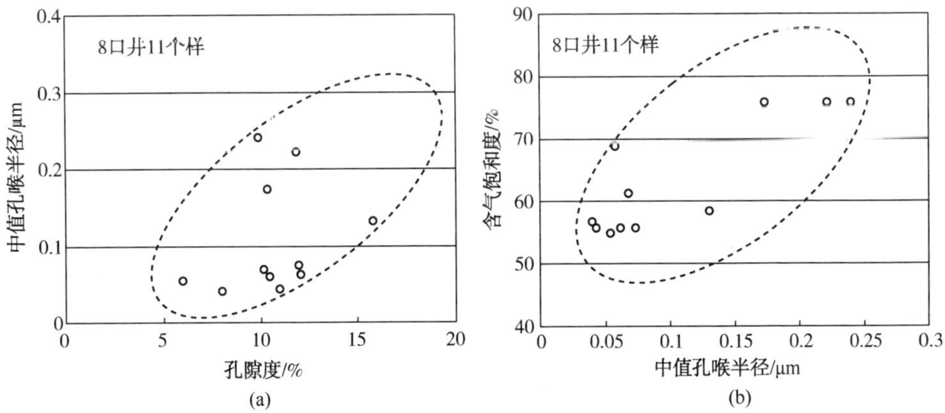

图6-33 盆地东部山1段气层段中值孔喉半径与孔隙度(a)、含气饱和度(b)关系图

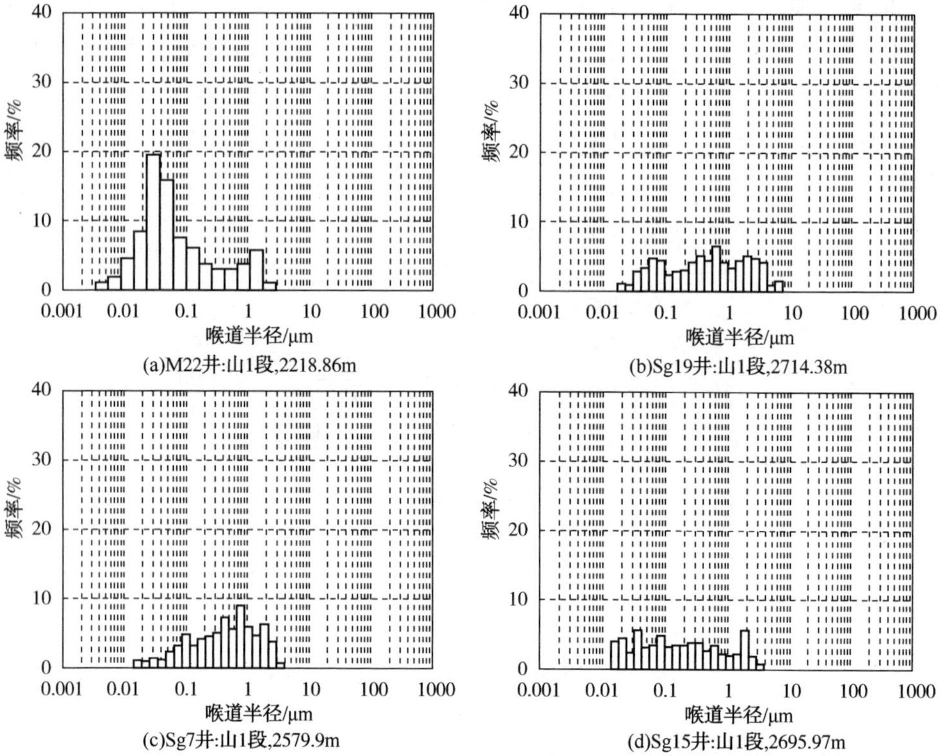

图 6-34　盆地东部产气井山 1 段喉道半径频率分布图

分选系数和变异系数表征喉道分布的均匀程度。分选系数范围为 1.41～2.57，平均为 1.91；变异系数范围为 0.11～0.23，平均为 0.16；最大进汞饱和度为 79.3%～89.17%，平均为 83.07%。

3. 盆地东部盒 8 段

1）物性特征

由产气井气层段压汞测试资料 12 口井 15 个样品分析结果绘制渗透率与孔隙度的关系图，盆地东部盒 8 段储层孔隙度分布范围为 2.7%～15.3%，渗透率分布范围为 0.13×10^{-3}～$2.6\times10^{-3}\mu m^2$，二者具有一定的正相关性(图 6-35)。

2）孔隙类型

盆地东部盒 8 段发育冲积扇、辫状河和辫状河三角洲沉积体系。其中，河道砂坝、分流河道和水下分流河道砂体发育，河道呈近南北向展布，砂体互相切割叠置，在平面上叠合成片，成为良好的储集体(赵靖舟、郭艳琴等，2009)。气层段储层岩石类型主要为岩屑石英砂岩，其次为岩屑砂岩，石英砂岩少。盒 8 段产气层段填隙物主要为黏土矿物、硅质、碳酸盐胶结物和火山灰，其中，黏土矿物含量最高达 57.56%。

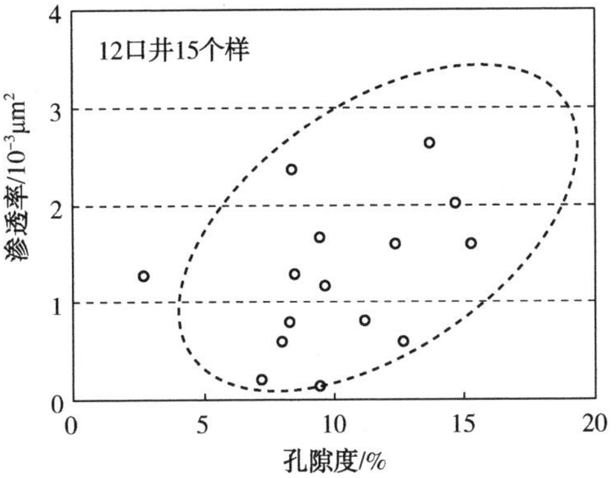

图 6-35　盆地东部产气井盒 8 段渗透率与孔隙度关系图

根据盆地东部 28 口产气井 66 块岩石薄片统计可知，面孔率为 0.1%~8.0%，平均为 2.00%。孔隙类型主要为溶孔和晶间孔。其中，溶孔含量最高达 55.33%，包括岩屑溶孔（47.73%）、长石溶孔（6.84%）、杂基溶孔（0.51%）和粒间溶孔（0.25%）（图 6-36）。晶间孔所占比例为 39.26%，粒间孔所占比例为 4.48%，微裂隙所占比例为 0.92%。由于溶孔发育无规则，孔喉的连通性较粒间孔会差一些，因此，同样的孔隙度下，不同砂岩渗透率相差达十几倍。

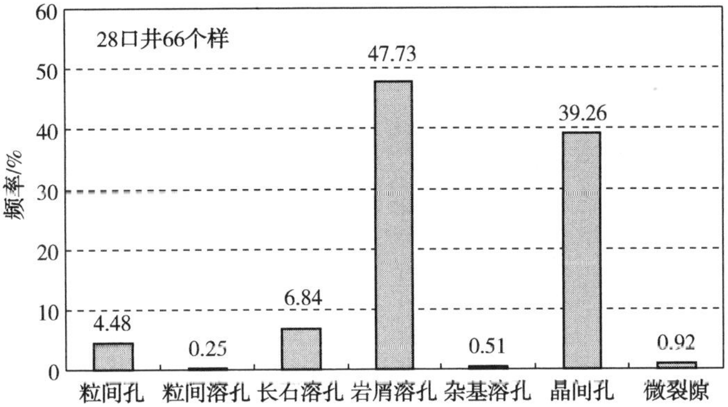

图 6-36　盆地东部产气井盒 8 段孔隙类型

3）毛管压力曲线及孔喉分布特征

由产气井气层段压汞测试资料 12 口井 15 个样品分析（图 6-37、图 6-38）可知，盆地东部盒 8 段产气井中值喉道半径分布范围为 0.06~0.34μm，平均为 0.16μm；最大喉道半径位于 0.57 ~3.85μm 之间，平均为 1.50μm。盆地东部产气井盒 8 段中值喉道半径和含气饱和度具有一定正相关性。

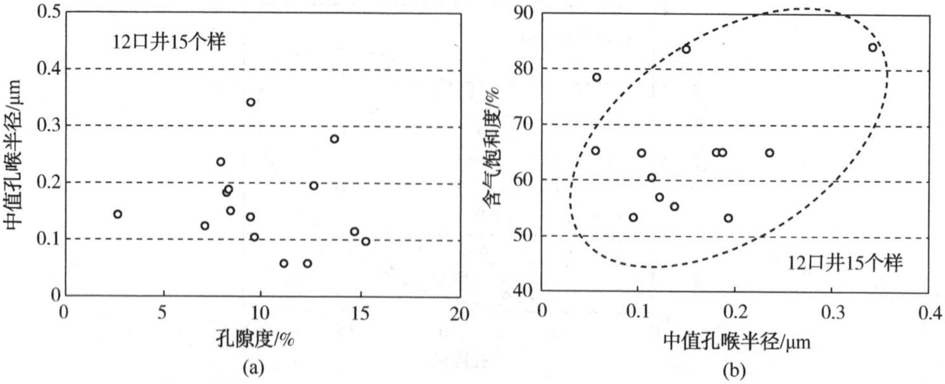

图 6-37　盆地东部盒 8 段气层段中值孔喉半径与孔隙度(a)、含气饱和度(b)关系图

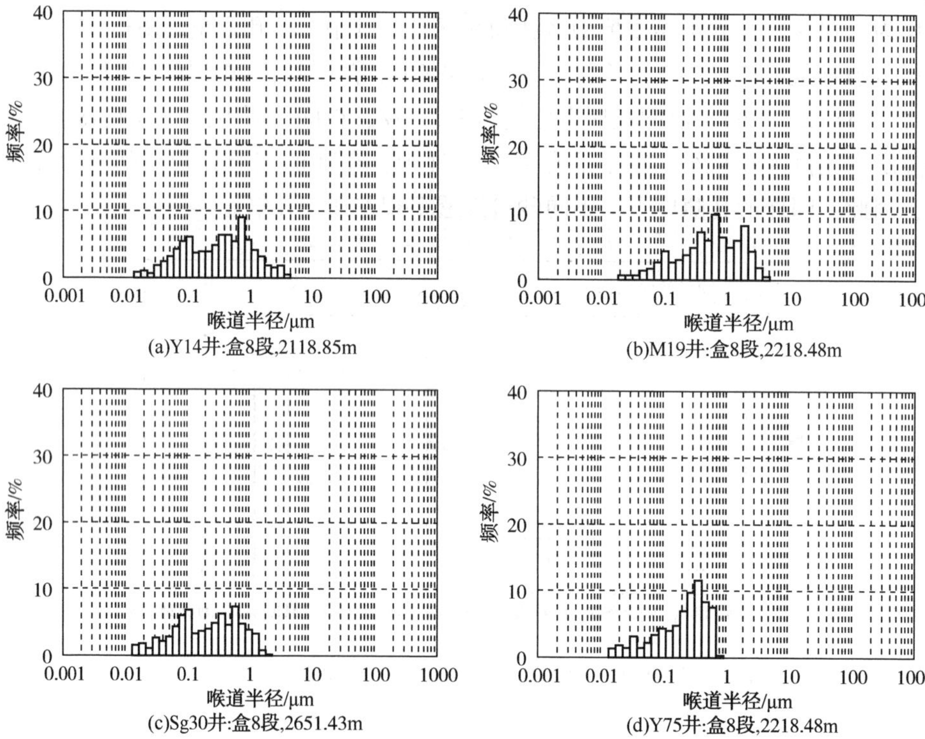

图 6-38　盆地东部产气井盒 8 段喉道半径频率分布图

分选系数和变异系数表征喉道分布的均匀程度。分选系数范围为 0. 20～2. 37，平均为 1. 77；变异系数范围为 0. 12～0. 24，平均为 0. 18；最大进汞饱和度为 81. 9%～92. 61%，平均为 85. 96%。

4. 盆地西部盒 8 段

1）物性特征

由产气井气层段压汞测试资料 12 口井 23 个样品分析结果绘制渗透率与孔隙度的关系图，盆地东部盒 8 段储层孔隙度分布范围为 5. 3%～12. 2%，渗透率分布范围为 0. 07×10⁻³～1. 2×10⁻³ μm²，二者具有良好的正相关性(图 6-39)。

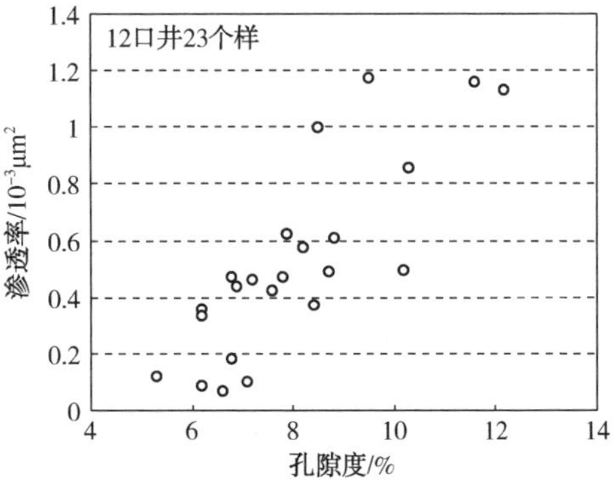

图 6-39　盆地西部产气井盒 8 段渗透率与孔隙度关系图

2）孔隙类型

盆地西部盒 8 段发育辫状河和辫状河三角洲沉积体系，其中河道砂坝、分流河道和水下分流河道砂体发育，河道呈近南北向展布，砂体互相切割叠置，在平面上叠合成片，成为良好的储集体(赵靖舟、郭艳琴等，2011)。气层段储层岩石类型主要为岩屑石英砂岩，其次为岩屑砂岩，石英砂岩少。盒 8 段产气层段填隙物主要为黏土矿物、硅质、碳酸盐胶结物和火山灰，其中，黏土矿物含量最高达 57. 55%。

根据盆地西部 32 口产气井 92 块岩石薄片统计可知，面孔率为 0. 1%～9. 6%，平均为 3. 6%。孔隙类型主要为溶孔、晶间孔和粒间孔。其中，溶孔含量最高达 54. 02%，包括岩屑溶孔（35. 63%）、杂基溶孔（12. 51%）、粒间溶孔（3. 96%）、长石溶孔（1. 78%）和碳酸岩溶孔（0. 14%）（图 6－40）。晶间孔所占比例为 27. 96%，粒间孔所占比例为 14. 90%，微裂隙所占比例为 1. 98%。由于溶孔和粒间孔发育，孔喉的连通性相对好一些，因此，同样孔隙度条件下，不同砂岩的渗透率相差不大。

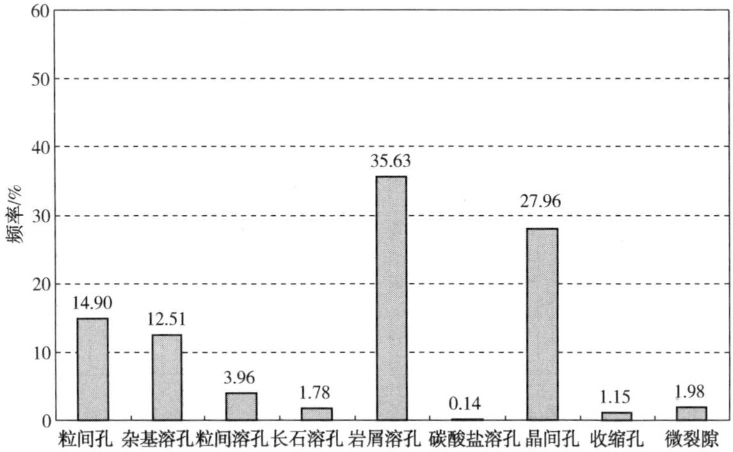

图 6-40　盆地西部产气井盒 8 段孔隙类型

3）毛管压力曲线及孔喉分布特征

由产气井气层段压汞测试资料 12 口井 23 个样品分析(图 6-41、图 6-42)可知，盆地西部盒 8 段产气井中值喉道半径分布范围为 0.02～0.82μm，主体位于 0.1～0.5μm，平均为 0.32μm；最大喉道半径位于 0.41～3.86μm 之间，平均为 1.37μm。盆地东部产气井盒 8 段中值喉道半径和含气饱和度具有一定正相关性。

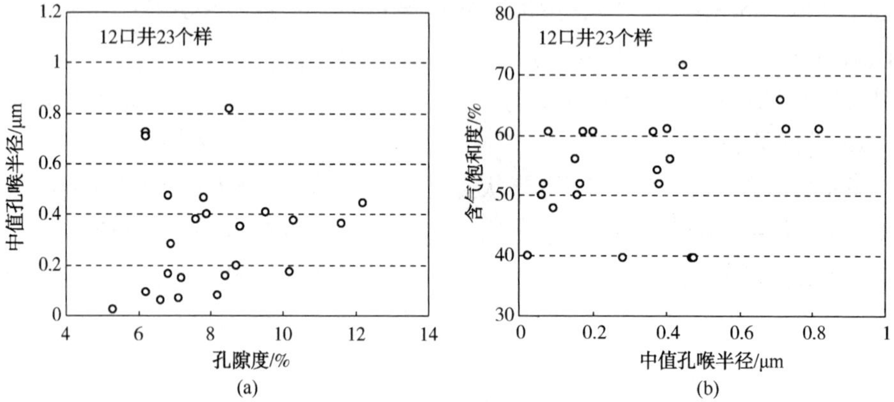

图 6-41　盆地西部盒 8 段气层段中值孔喉半径与孔隙度(a)、含气饱和度(b)关系图

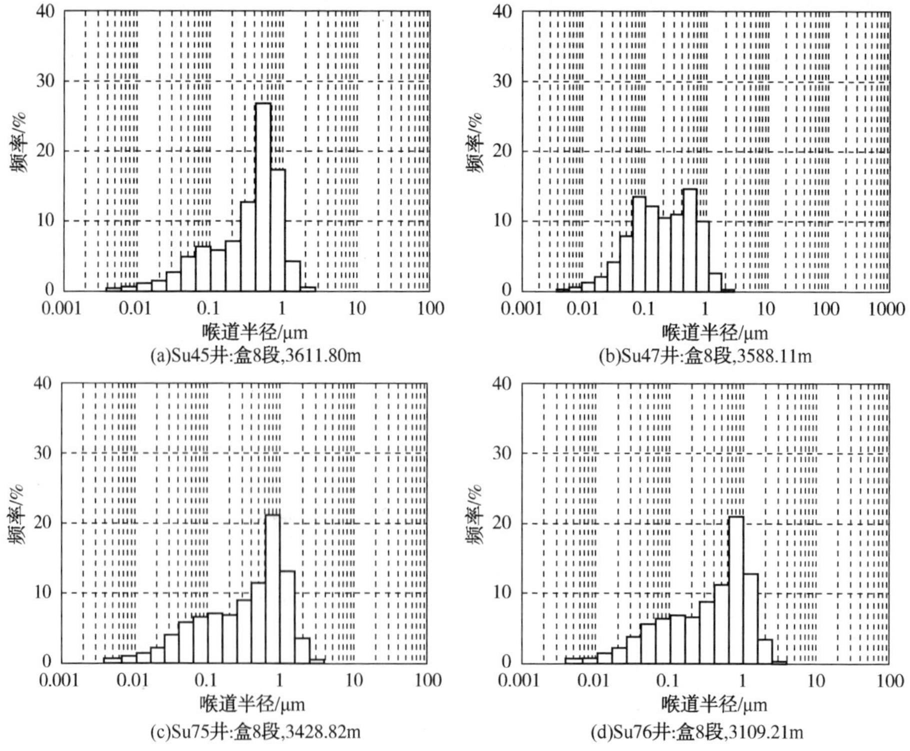

图 6-42　盆地西部产气井盒 8 段喉道半径频率分布图

分选系数和变异系数表征喉道分布的均匀程度。分选系数范围为 0.17～2.23，平均为 1.40；变异系数范围为 0.12～0.21，平均为 0.19；最大进汞饱和度为 85.41%～94.54%，平均为 89.62%。

盆地西部盒 8 段少数产气井部分层段中值喉道半径> 0.9μm，分选性差，无阻流量高。苏 6 井盒 8 下段中值喉道半径为 1.47μm，无阻流量为 $120.16\times10^4m^3/d$；T5 井盒 8 上段中值喉道半径为 0.92μm，无阻流量为 $26.17\times10^4m^3/d$(图 6-43)。

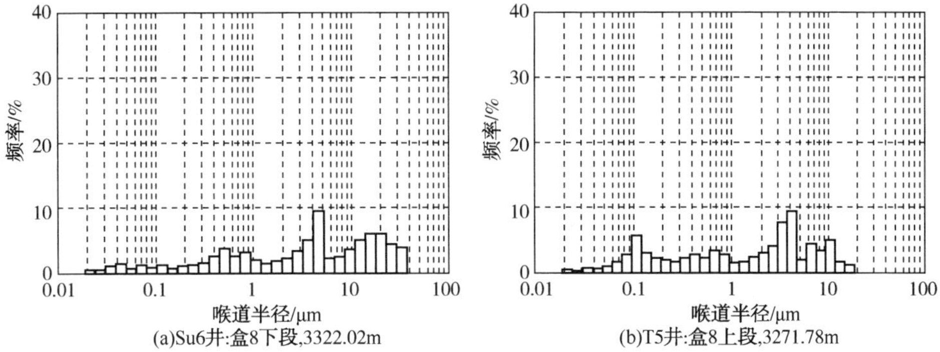

图 6-43　盆地西部盒 8 段高产气井喉道半径频率分布图

二、地层水赋存砂体的微观孔隙结构

1. 盆地东部山 2 段

1）物性特征

由产水层段压汞测试资料 8 口井 23 个样品分析结果绘制的渗透率与孔隙度的关系图可知，盆地东部子洲地区山 2 段储层孔隙度分布范围为 3.4%～8.0%，渗透率分布范围为 0.09×10^{-3}～$9.52\times10^{-3}\mu m^2$，二者具有一定的正相关性(图 6-44)。

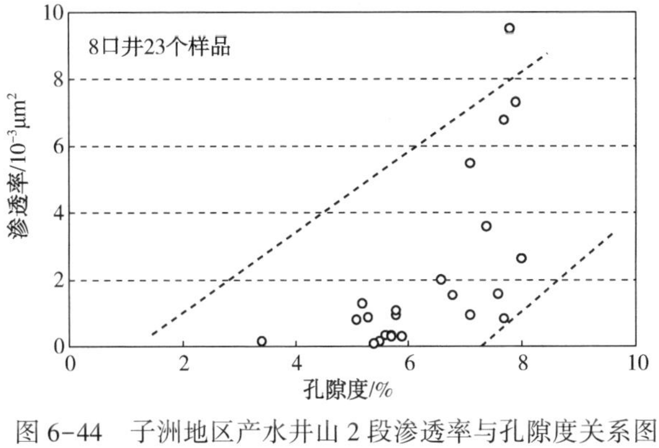

图 6-44　子洲地区产水井山 2 段渗透率与孔隙度关系图

2）孔隙类型

盆地东部子洲地区山 2 产水层段主要为三角洲前缘水下分流河道沉积。产水层段岩石类型主要为石英砂岩，岩屑砂岩和岩屑石英砂岩少量。填隙物主要为硅质、黏土矿物、碳酸盐胶结物和火山灰，其中，硅质含量最高。

根据子洲地区 16 口产水井 158 块岩石薄片统计可知，面孔率为 0.3%～11.5%，平均为 4.26%。孔隙类型以粒间孔、晶间孔和溶孔为主，微裂隙和收缩孔极少。其中，粒间孔含量最高，达 44.55%；晶间孔所占比例为 29.68%；溶孔所占比例为 25.51%，具体包括岩屑溶孔(11.44%)、粒间溶孔(9.16%)、杂基溶孔(4.48%)、长石溶孔和碳酸岩溶孔(图 6-45)。由于粒间孔孔隙大、吼道粗且连通性好，在流体流动中发挥重要作用，因此，该层段渗透率与孔隙度具有较好的正相关性。

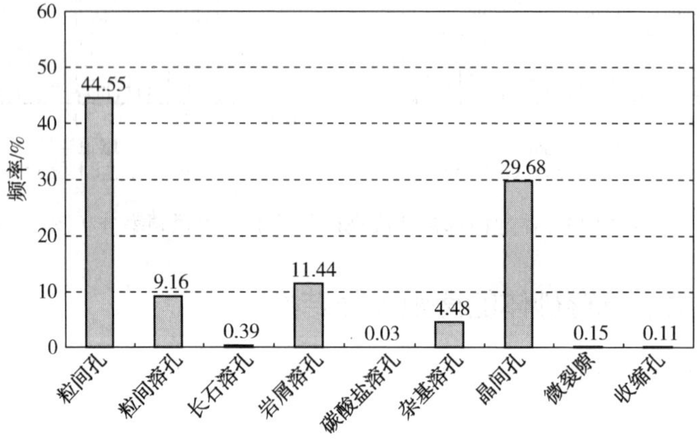

图 6-45　子洲地区产水井山 2 段孔隙类型

3）毛管压力曲线及孔喉分布特征

由产水层段压汞测试资料 8 口井 23 个样品分析(图 6-46、图 6-47)可知，

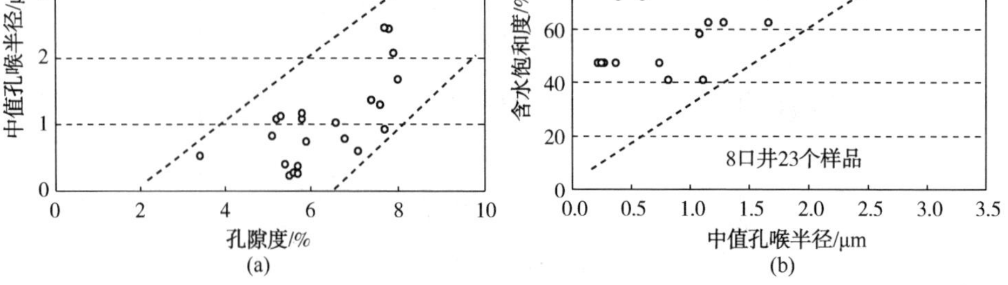

图 6-46　子洲地区山 2 产水层段中值孔喉半径与孔隙度(a)、含水饱和度(b)关系图

子洲地区山 2 段中值喉道半径主体分布范围为 0.22～3.37μm，主体位于 0.22～2.45μm 之间，平均为 1.0μm；最大喉道半径分布范围为 1.16～24.76μm，平均为 5.79μm。子洲气田产气井山 2 段中值喉道半径和含水饱和度具有正相关性，表明在孔隙结构越好水富集程度高。

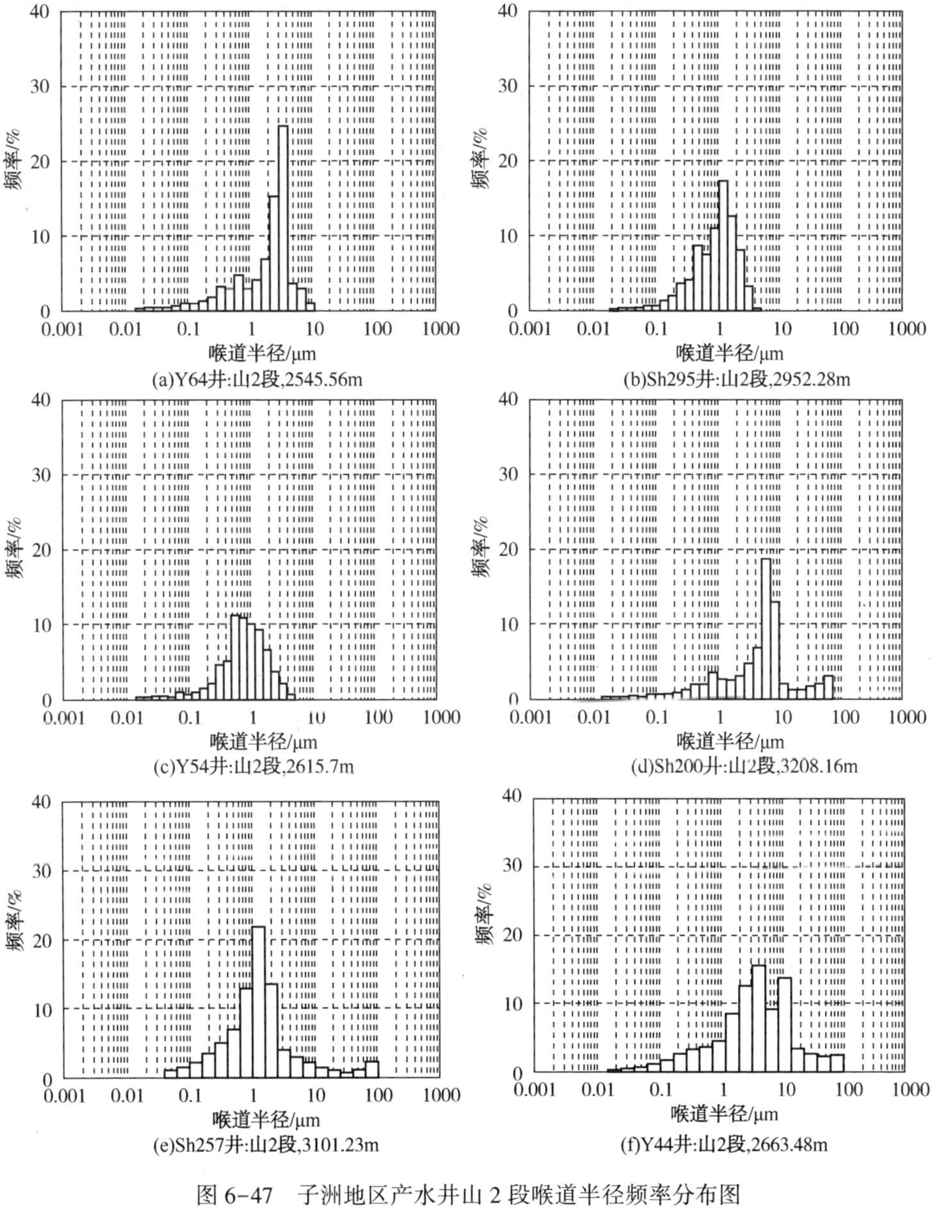

图 6-47　子洲地区产水井山 2 段喉道半径频率分布图

分选系数和变异系数表征喉道分布的均匀程度。分选系数范围为 0.32~3.12，平均为 2.13，以单峰为主；变异系数范围为 0.04~2.25，平均为 0.32；最大进汞饱和度为 68.61~91.90%，平均为 83.76%。

2. 盆地东部盒 8 段

1）孔隙类型

盆地东部盒 8 段产水层段储层岩石类型主要为岩屑石英砂岩，其次为岩屑砂岩，长石岩屑砂岩最少。产水层段填隙物主要为硅质、黏土矿物、碳酸盐胶结物和火山灰，其中，黏土矿物含量最高达 66.93%。

根据盆地东部盒 8 段 10 口产水井 27 块岩石薄片统计结果可知，面孔率为 0.2%~3.5%，平均为 1.55%。孔隙类型有溶孔、晶间孔和粒间孔。其中，溶孔含量最高达 68.25%，具体包括岩屑溶孔(42.27%)、长石溶孔(23.26%)和粒间溶孔(2.72%)(图 6-48)；晶间孔所占比例为 27.83%；粒间孔所占比例为 3.92%。由于溶孔发育无规则，孔喉的连通性较粒间孔差一些。

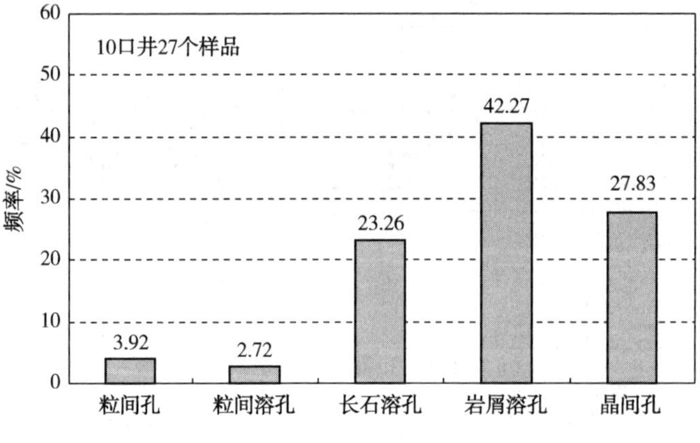

图 6-48　盆地东部产水井盒 8 段孔隙类型

2）毛管压力曲线及孔喉分布特征

由产水层段压汞测试资料 7 口井 7 个样品分析可知，盆地东部盒 8 段储层孔隙度分布范围为 10.10%~12.50%，渗透率分布范围为 0.41×10^{-3}~$2.20\times10^{-3}\mu m^2$；中值喉道半径分布范围为 0.05~0.13μm，平均为 0.08μm(图 6-49)。

分选系数和变异系数表征喉道分布的均匀程度。分选系数范围为 1.58~2.26，平均为 1.94；变异系数范围为 0.12~ 0.19，平均为 0.16；最大进汞饱和度为 74.47%~83.25%，平均为 79.02%。

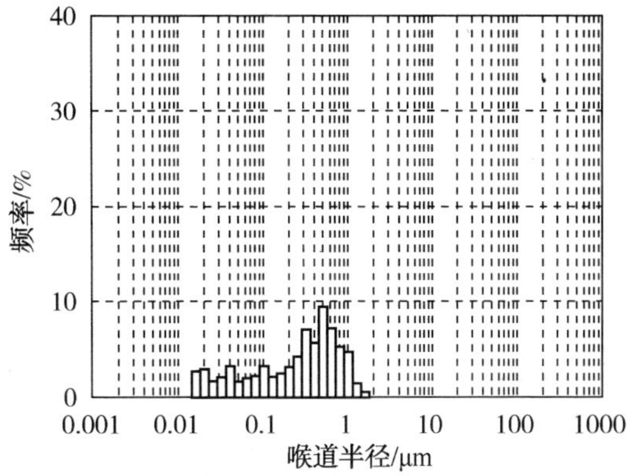

图 6-49　盆地东部产水井盒 8 段喉道半径频率分布图

3. 盆地西部盒 8 段

1）物性特征

由产水层段压汞测试资料 7 口井 17 个样品分析结果绘制渗透率与孔隙度的关系图，盆地西部苏里格地区盒 8 段储层孔隙度分布范围为 4.7% ~ 12.6%，渗透率分布范围为 $0.14\times10^{-3}\sim1.95\times10^{-3}\mu m^2$，二者具有一定的正相关性(图 6-50)。

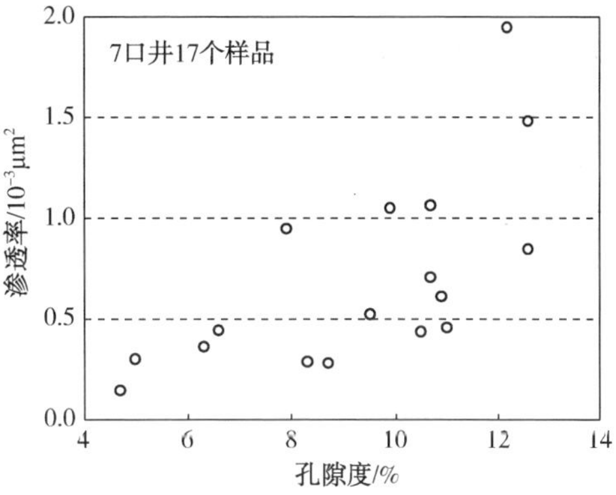

图 6-50　盆地西部鄂托克旗地区产水井盒 8 段渗透率与孔隙度关系图

2）孔隙类型

盆地西部鄂托克旗地区盒 8 段产水层段沉积相主要为曲流河和辫状河，有效储层横向变化大。产水层段岩石类型主要为岩屑石英砂岩，其次为石英砂岩，岩屑砂岩所占比例最少。产水层段填隙物主要为硅质、黏土矿物、碳酸盐胶结物和火山灰，其中，黏土矿物含量最高达 56.97%。

根据鄂托克旗地区 29 口产水井 97 块岩石薄片统计可知，面孔率为 0.1% ~ 9.6%，平均为 3.3%。孔隙类型以溶孔、晶间孔和粒间孔为主，微裂隙和收缩孔少量。其中，溶孔含量最高，所占比例为 55.45%，具体包括岩屑溶孔(39.99%)、粒间溶孔(4.28%)、杂基溶孔(9.72%)和长石溶孔(1.468%)；晶间孔所占比例为 24.40%；粒间孔所占比例为 12.03%(图 6-51)。由于溶孔发育无规则，孔喉的连通性较粒间孔会差一些。

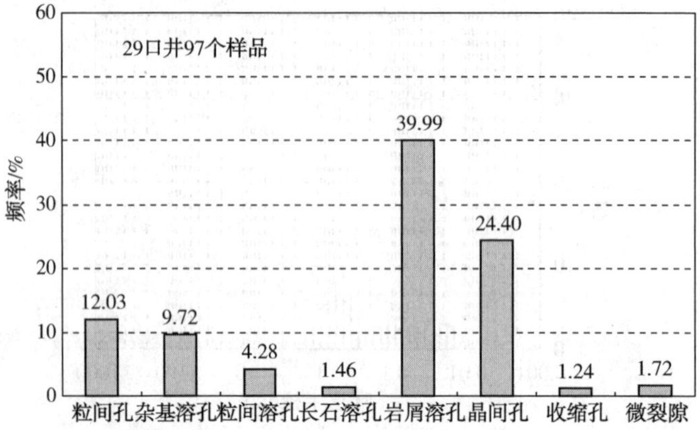

图 6-51 盆地西部鄂托克旗地区产水井盒 8 段孔隙类型

3）毛管压力曲线及孔喉分布特征

由气水同产层段压汞测试资料 7 口井 17 个样品分析(图 6-52、图 6-53)可知，盆地西部苏里格地区盒 8 段中值喉道半径分布范围为 0.12～0.82μm，平均为 0.34μm；最大喉道半径分布范围为 0.52～2.63μm，平均为 1.48μm。

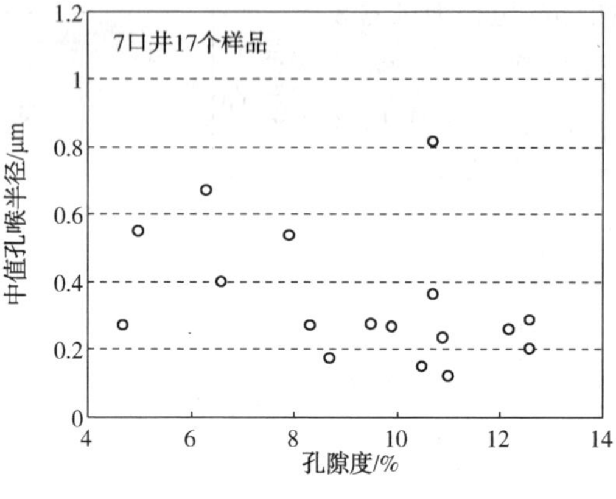

图 6-52 盆地西部鄂托克旗地区盒 8 段产水井
中值孔喉半径与孔隙度关系图

分选系数和变异系数表征喉道分布的均匀程度。分选系数范围为 1.6～2.19，平均为 1.9；变异系数范围为 0.15～0.21，平均为 0.18；最大进汞饱和度为 84.19%～93.84%，平均为 91.17%。

少数纯产水井中值喉道半径大，分选好(图 6-54)。Su60 井盒 8 上段中值喉道半径为 1.23μm，日产水量为 25.8m^3；苏 107 井盒 8 上段中值喉道半径为 0.92μm，日产水量为 15.0m^3。

盆地上古生界天然气和地层水储集砂体的微观孔隙结构总结见表 6-4。

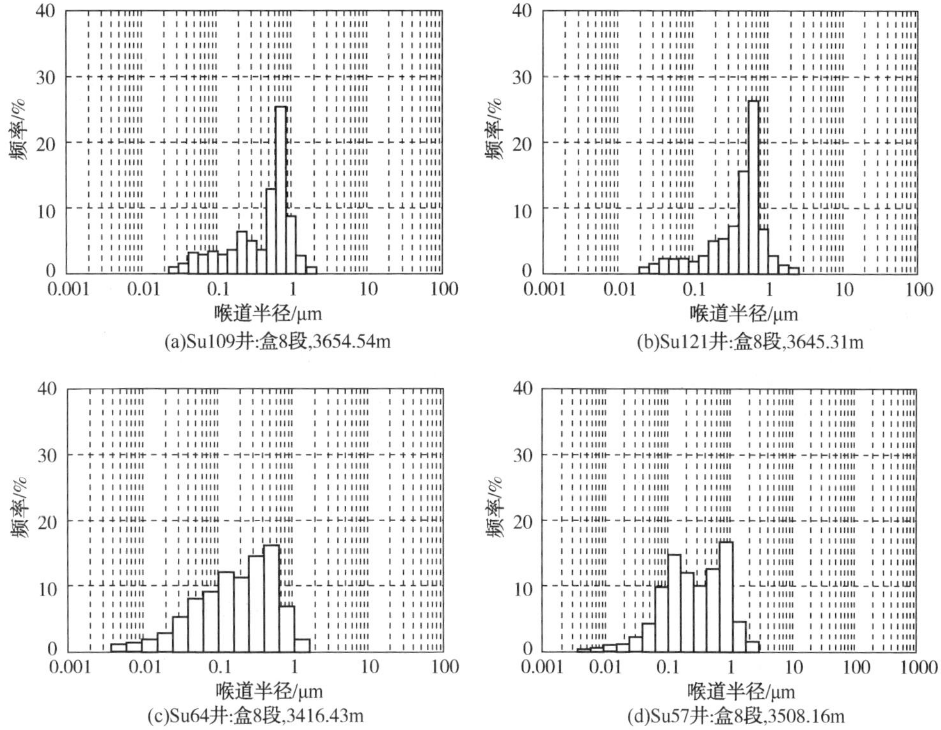

图 6-53　盆地西部气水同产井盒 8 段喉道半径频率分布图

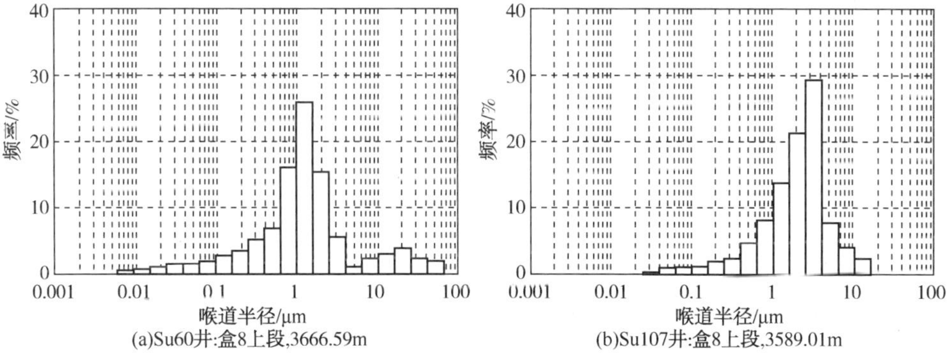

图 6-54　盆地西部纯产水井盒 8 段喉道半径频率分布图

表 6-4　鄂尔多斯盆地上古生界产气层和产水层的宏观和微观地质特征

地区	子洲地区	子洲地区	盆地东部	盆地东部（伊盟隆起）	鄂托克旗地区	鄂托克旗地区
层位	山 2 段产气层	山 2 段产水层	盒 8 段产气层	盒 8 段产水层	盒 8 段产气层	盒 8 段气水同产层

续表

地区	子洲地区	子洲地区	盆地东部	盆地东部（伊盟隆起）	鄂托克旗地区	鄂托克旗地区
沉积相	三角洲前缘水下分流河道	三角洲前缘水下分流河道底部、透镜状砂体	主要为辫状河、三角洲平原	主要为辫状河	主要为辫状河、三角洲平原	主要为辫状河、三角洲平原
压力特征	常压、低压	—	以常压为主	—	以异常低压为主	以异常低压为主
岩石类型	以石英砂岩为主（80%），含岩屑石英砂岩（18.3%）	以石英砂岩为主（81.0%），含岩屑石英砂岩（10.8%）	岩屑石英砂岩（63.6%）和岩屑砂岩（25.8%）	岩屑石英砂岩（44%）、岩屑砂岩（33%）和长石岩屑砂岩（22%）	岩屑石英砂岩（68.5%）、石英砂岩（22.8%）和岩屑砂岩（8.7%）	岩屑石英砂岩（62.89%）、石英砂岩（25.77%）和岩屑砂岩（11.3%）
孔隙类型	以粒间孔、溶孔和晶间孔为主，其含量分别约为35%、34%和30%	以粒间孔、晶间孔和溶孔为主，其含量分别约为45%、30%和26%	以溶孔和晶间孔为主，其含量分别为59%和35%	以溶孔和晶间孔为主，其含量分别为68%和28%	以溶孔和晶间孔为主，其含量分别为54%和28%	以溶孔和晶间孔为主，其含量分别为56%和24%
填隙物特征	主要为硅质（55%），其次为高岭石、铁白云石和水云母	主要为硅质（52%），其次为高岭石、水云母和铁白云石	主要为硅质、水云母和高岭石，其含量分别为30%、27%和24%	主要为水云母（45%）、硅质（20%）和高岭石（17%）	主要为硅质、水云母和高岭石，其含量分别为33%、29%和26%	主要为硅质、水云母和高岭石，其含量分别为36%、30%和24%
面孔率	0.5%~10%，平均为3.75%	0.3%~11.5%，平均为4.26%	0.1%~8.0%，平均为2.00%	0.2%~3.5%，平均为1.55%	0.1%~9.6%，平均为3.6%	0.1%~9.6%，平均为3.3%
分选系数	<2.3，平均为2；个别分选系数>2.3，双峰甚至多峰	分选系数为1.4~3.2，平均为2.2	<2.4，平均为1.8	<2.3，平均为1.9	<2.2，平均为2.0	1.6~2.2，平均为1.9
中值孔喉半径	主体为0.1~0.6μm，平均为0.41；个别>1μm	0.22~2.45μm，平均为1.0μm	<0.34μm，平均为0.16μm	<0.13μm，平均为0.08μm	主体为0.1~0.5μm，平均为0.32μm；少数>0.9μm	0.12~0.82μm，平均为0.34μm

续表

地区	子洲地区	子洲地区	盆地东部	盆地东部（伊盟隆起）	鄂托克旗地区	鄂托克旗地区
孔隙度/%	5.5~9.4	3.4~8.0	2.7~15.3	10.1~12.5	5.3~12.2	4.7~12.6
渗透率/$10^{-3}\mu m^2$	0.24~1.79	0.09~9.52	0.13~2.6	0.41~2.20	0.07~1.2	0.14~1.95
日产气量	1.07×10^4~$14.58\times10^4m^3$，平均为$4.94\times10^4m^3$	单井水产量高，平均达$20.06m^3/d$	0.94×10^4~$7.33\times10^4m^3$，平均为$2.37\times10^4m^3$	多为气水同产，日产水量平均达$4.86m^3$	1.01×10^4~$36.78\times10^4m^3$，平均$5.06\times10^4m^3$	气水同产，日产水量平均达$9.57m^3$

盆地东部子洲地区产气井和产水井在平面上相邻。地层水赋存在孔隙结构良好的储层中，中值孔喉半径平均大于1.0μm，分选好，单井水产量平均达$20.06m^3/d$；天然气赋存在孔隙结构一般的储层中，中值孔喉半径平均为0.41μm，个别优质储层中值孔喉半径大但分选性差。产气层和产水层岩石类型、孔隙类型和填隙物特征没有差异性。在气田范围内，储层物性越好，气井产能越高；在产水区，储层物性越好，含水饱和度越高。盆地东部盒8段产水井主要分布于伊盟隆起地区，与产气井地理位置差异明显，因而岩石类型、孔隙类型和填隙物特征存在明显差异。天然气赋存储层的孔隙结构中值孔喉半径、孔隙度和渗透率均等特征均优于水层。

盆地西部鄂托克旗地区盒8段主要为气水同产井，主要位于伊盟隆起和产气区西部地区。产气井和产水井的岩石类型、孔隙类型和填隙物特征没有差异性。天然气赋存储层的中值孔喉半径、孔隙度和渗透率和气水同产井相似。在产气区，储层物性越好，含气饱和度越高，二者具有一定正相关性。

第7章 天然气的成藏机制

在宏观和微观相结合探讨影响流体赋存特征的外在地质因素的基础上，为了进一步揭示影响流体赋存特征的内在因素，本章通过压实研究和包裹体分析恢复鄂尔多斯盆地古今压力演化史，在分析输导体系等成藏要素后，根据流体分布特征、天然气的地球化学指标和成藏动力探讨鄂尔多斯盆地上古生界天然气的成藏机制和主要控制因素。

第1节 天然气成藏动力

一、成藏动力学平衡

1. 常规储层天然气成藏动力学平衡

在常规储层中，天然气在运移过程中受到的动力主要为天然气浮力，运移阻力为毛细管排驱压力、天然气自身重力(张金川等，2001、2008)。若考虑地层水流动的影响，游离相天然气的运移状态服从下列动力平衡关系(霍伯逊-伯格基本方程)：

$$p_c = h_g g(\rho_w - \rho_g) \pm \Delta h \rho_w g \qquad (7-1)$$

式中，p_c为毛细管排驱压力；h_g为天然气气柱高度；g为重力加速度；ρ_w为地层水密度；ρ_g为天然气地下密度；Δh为剩余水压头或水动力影响因子。

2. 致密砂岩天然气成藏动力学平衡

由于致密砂岩的孔、渗物性条件较差，在三相周界条件下限制了流体能量交换，天然气无法按照常规方式进行置换式运移，而是以不断膨胀的方式把地层水推移开来，导致气、水之间机械势能的直接传递。在气源充足的条件下，从气源岩中排出的天然气将原始储集层中的地层水整体推移开，形成储集层孔隙中的活塞式气水运移方式。气水活塞式运移的主要驱动力来自天然气的膨胀作用，典型成藏动力平衡方程(张金川等，2001、2003、2008)为：

$$p_e = p_{cr} + \rho_w g h_1 + \rho_g g H \pm \rho_w g \Delta h \qquad (7-2)$$

式中，p_e为气源岩的生烃膨胀力；p_{cr}为致密储集层的毛细管排驱压力；$\rho_w g \Delta h$为区域流体运动所造成的水头变化；H为连续气柱高度；h_1为连续气柱的顶界埋深。

在弱水动力条件下，区域流体运动可以忽略不计，即天然气运移的驱动力主要为烃源岩生气产生的压力，阻力包括上覆储层毛细管压力、天然气重力、地层水压力等(郭秋麟等，2011)。天然气在致密砂岩中驱动力和阻力之间的平衡方程为：

$$p_e = p_{cr} + \rho_w g h_1 + \rho_g g H \qquad (7-3)$$

鄂尔多斯盆地位于华北地台西缘，是一个发育于稳定克拉通盆地上的大型叠合盆地，在整个地质历史时期内地层比较平缓(陈瑞银等，2006)。相邻勘探井不存在大的水位差，因此，地层水压力造成的阻力差异较小。根据盆地东部子州气田上古生界实测井筒静压力资料可知，天然气压力梯度为 0.16MPa/100m，即 100m 的气柱才会产生 0.16MPa 的阻力。综合分析认为，形成苏里格地区致密砂岩储层气、水分布规律复杂性的主要原因即生烃膨胀力和储层毛细管阻力的差异。

二、上古生界超压成因

从地层压力成因可以看出，沉积埋藏过程的压实与非均衡压实、热动力过程的生烃作用、流体流动过程的能量平衡作用、剥蚀抬升过程中的“砂岩”回弹、温度降低作用都对不同层系的地层压力演化产生着明显的影响和控制作用。本小节以盆地东部为例，初步分析上古生界超压的成因。

1. 上古生界普遍存在欠压实作用

1) 压实曲线法的计算原理

压实曲线法的理论依据是超压是油气运移的重要动力。

孔隙度随着深度增加而降低，孔隙度的降低在浅处快，在埋深较大处减缓(图 7-1)。鲁贝与哈伯特(1959)曾提出一个表示正常压实趋势的页岩孔隙度与深度的指数函数关系：

$$\phi = \phi_0 \cdot e^{-c \cdot Z} \qquad (7-4)$$

式中，ϕ 和 ϕ_0分别为地表与埋深 Z 处页

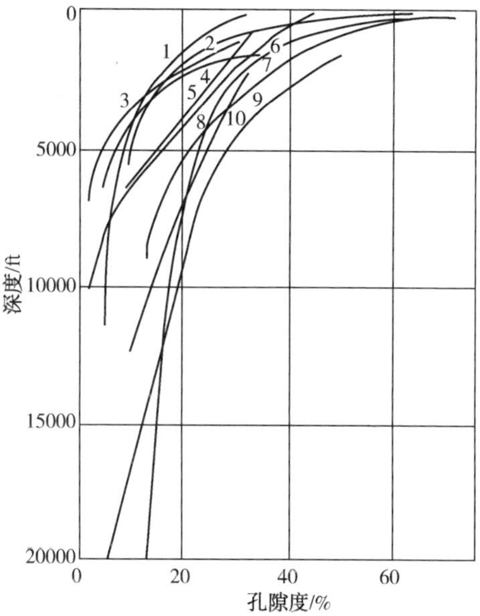

图 7-1 页岩和泥质沉积物孔隙度和埋藏深度间的关系

1—Proshlyakhov(1960)；2—Meade(1966)；3—Athy(1930)；4—细井(1963)；5—Hedberg(1936)；6—Dickinson(1953)；7—真柄(1968)；8—Weller(1959)；9—Ham(1966)；10—Foster 和 Whalen(1966)；1ft=30.48cm

岩的孔隙度；c 为因次常数，常称压实系数。

泥岩孔隙度的直接测量在实际工作中很难做到，而在利用各种手段得到的反映孔隙度的物理量中，声波时差受其他因素影响最小。声波在泥岩中的传播速度(以声波时差表示)与其孔隙度的关系，在一定深度段内可看作线性关系，故可以通过声波时差来研究泥岩的压实规律。声波时差的影响因素除异常压力和压实作用外，主要有岩性变化、成岩胶结作用、地层含天然气及裂缝。

泥岩压实研究工作的开展与应用，为人们提供了一条间接计算地下流体压力的有效途径。泥岩孔隙度异常大小将与其中流体压力成正比，流体压力计算方法大多以此为根据，利用各种反映泥岩孔隙度的物理参数进行推算(陈荷立等，1988)。计算中应用的方法基本可分为两类：一类是平衡深度法(或等效深度法)，另一类是经验关系法。平衡深度法的基本公式为：

$$P_z = \gamma_w Z_e + \gamma_b (Z - Z_e) \quad (7-5)$$

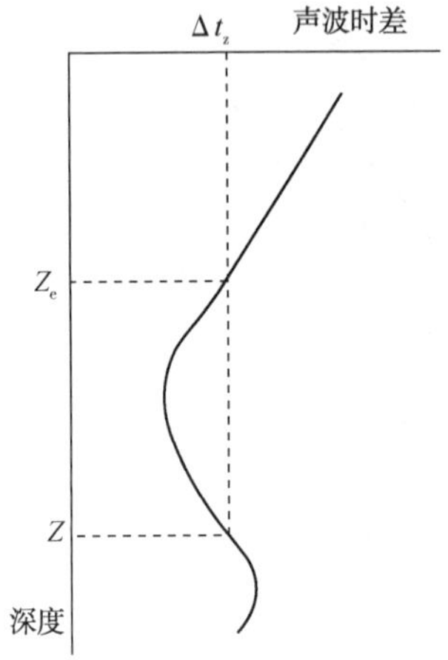

图 7-2　平衡深度法基本原理

式中，γ_w 为静水压力梯度；γ_b 为深度 $Z-Z_e$ 段岩柱的压力梯度；Z 为计算点的深度；Z_e 为平衡深度，即在以各种物理量表示的压实曲线的正常趋势线上与计算点同值的深度(图 7-2)。

由于泥岩压实曲线的正常趋势在延伸到泥岩骨架值(H 点)时应发生转折，故当压力计算点深度大于 H 时，由下式计算压力：

$$P_z = \gamma_w Z_e + \gamma_b (H - Z_e) + \gamma_w (Z - H) \quad (7-6)$$

用计算出的压力减去该深度应有的静水压力即可得出相应点的过剩压力值。

根据以往研究成果，选取声波时差 600μs/m 作为地表声波时差值，200μs/m 作为泥岩的平均骨架声波时差值。岩柱密度采用通用经验值 2.31g/cm³。

2）利用压实曲线法计算最大埋深时期由于欠压实作用形成的古压力

泥岩孔隙度异常大小与其中流体压力成正比，平衡深度法是普遍采用的计算流体压力的方法。古压力的计算首先需要确定正常压实段，即确定哪些地层属于正常压力系统而哪些为超压系统。鄂尔多斯盆地读取了 78 口井压实曲线，筛选出具有正常压实趋势的 37 口井(图 7-3、图 7-4)。鄂尔多斯盆地上古生界压实曲线明显偏离正常压实趋势。

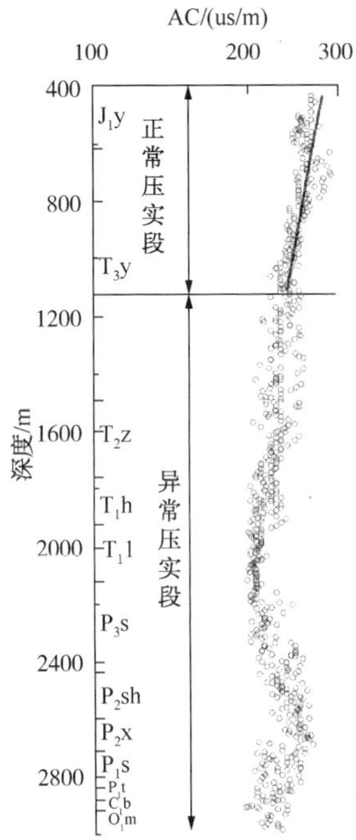

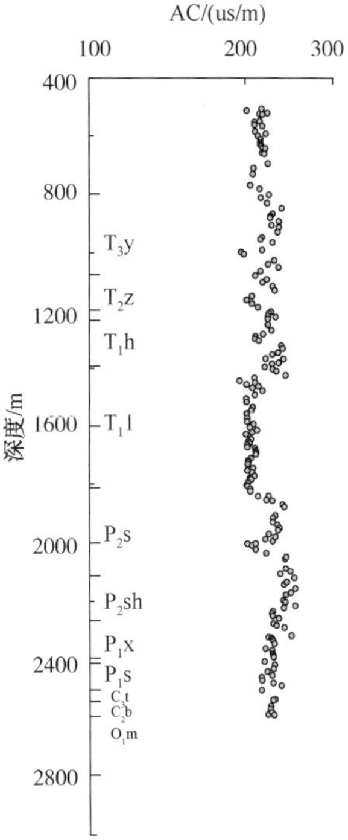

图 7-3　盆地东部压实曲线图（Sh142 井、Y117 井、Y36 井叠合）

图 7-4　盆地东部 Y67 井压实曲线图（无正常压实趋势）

通过对比分析上述压实曲线，可见鄂尔多斯盆地绝大多数井的正常压实段终止于上三叠统延长组。通过平衡深度法计算可知，鄂尔多斯盆地单井储层剩余压力纵向上石盒子组最发育，为 7.37~19.27MPa（平均为 13.71MPa）。随着深度的增加，盒 8 段、山 1 段、山 2 段、太原组和本溪组过剩压力平均值分别为 8.64MPa、8.54MPa、7.58MPa、7.48MPa 和 7.39MPa（图 7-5）。

通过平衡深度法计算，盆地东部盒 8 段、山 1 段、山 2 段、太原组和本溪组在最大埋深时期欠压实作用形成的古压力系数为 1.13~1.42，平均值为 1.24（表 7-1）。

2. 上古生界烃源层在封闭条件下可以产生巨大的生烃膨胀力

1）生烃增压的计算原理

如何计算生烃膨胀力？在一个封闭体系中，生烃增压的理论模型建立过程如下。

地表条件下，气体满足理想气体的状态方程为：

$$p_0V_0 = nRT_0 \tag{7-7}$$

地层条件下，气体满足真实气体的状态方程为：

$$pV = ZnRT \tag{7-8}$$

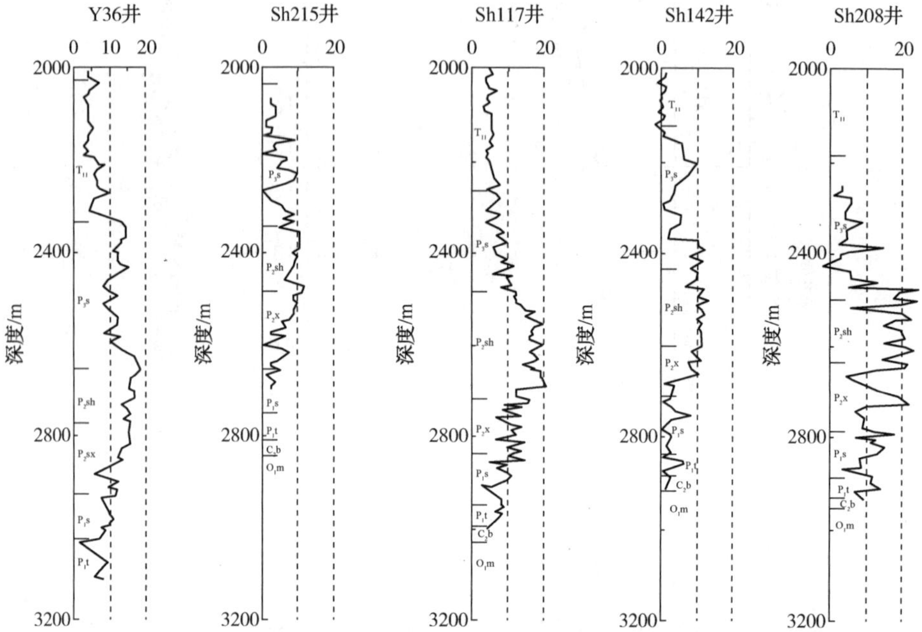

图 7-5　盆地东部单井计算过剩压力图

表 7-1　盆地东部上古生界欠压实作用形成的古压力系数表

气田	井号	白垩世末总剥蚀厚度/m	欠压实作用形成的古压力系数				
			盒 8 段	山 1 段	山 2 段	太原组	本溪组
榆林气田	Sh117 井	975	1.32	1.27	1.21	1.21	1.15
	Sh 119 井	980	1.26	1.25	1.23	1.23	1.2
	Sh 214 井	950	1.21	1.18	1.15	1.13	
	Sh 9 井	965	1.13	1.15	1.15	1.15	1.16
	Y139 井	905	1.27	1.27	1.24	1.27	1.16
	Y148 井	860	1.22	1.22	1.18	1.16	1.19
	Y20 井	1045	1.27	1.25	1.16	1.15	
子洲气田	Y142 井	1105	1.21	1.19	1.19	1.2	
	Y48 井	1175	1.29	1.34	1.32	1.39	1.2
	Y72 井	1110	1.32	1.34	1.24	1.19	1.42
	Y82 井	1155	1.32	1.29	1.25	1.34	1.2

续表

气田	井号	白垩世末总剥蚀厚度/m	欠压实作用形成的古压力系数				
			盒 8 段	山 1 段	山 2 段	太原组	本溪组
米脂气田	Zh5 井	1200	1.26	1.2	1.37	1.26	1.26
	Y44 井	1110	1.32	1.29	1.19	1.18	1.3
	Y55 井	1155	1.38	1.36	1.32	1.27	1.28

注：表中剥蚀厚度数据来源于长庆油田。

地层条件下，气体所处的压力：

$$p = Z \cdot p_0 \cdot \frac{V_0}{V} \cdot \frac{T}{T_0} \qquad (7-9)$$

式中，p_0为标准状况下气体的压力，$P_0 = 0.1\text{MPa}$；p 为地层条件下气体的压力，MPa；T_0为标准状况下气体的绝对温度，$T_0 = 293\text{K}$；T 为地层条件下气体的绝对温度，K；V_0为标准状况下气体所占体积，m^3；V 为地层条件下气体所占体积，m^3；n 为气体的物质的量，Kmol；R 为通用气体常数，$R = 0.008314\text{MPa} \cdot \text{m}^3/(\text{Kmol} \cdot \text{K})$。

目前计算生烃增压的模型很多，基本原理都是一致的，关键区别是气体在地层条件下的体积(V)的求取方式。

气体在地层条件下的体积(V)有如下两种计算方法：

计算方法一：

$$V_{气体} = V_{烃源岩} \cdot \phi_{烃源岩} \cdot (1 - S_w) \qquad (7-10)$$

式中，$V_{气体}$为气体在地层条件下的体积，m^3；$V_{烃源岩}$为烃源岩的体积，m^3；$\phi_{烃源岩}$为烃源岩的孔隙度；S_w为烃源岩的含水饱和度。

计算方法二见式(7-11)，不考虑压缩性的影响下，地层条件下气体的体积即生烃过程中干酪根转化而增加的孔隙空间体积与生成液态烃所占的孔隙体积之差。

$$V_{气体} = \frac{生成烃的总质量}{\rho_{干酪根}} - V_{油} \qquad (7-11)$$

式中，$V_{油}$为生成液态烃所占的孔隙体积，m^3；$\rho_{干酪根}$为干酪根的密度，kg/m^3。

本小节采用计算方法一以 Sh 142 井为典型井计算生烃增压。

2）生烃增压的参数选取

Sh142 井上古生界煤层分布和天然气组成见表 7-2 和表 7-3。

表 7-2　Sh 142 井上古生界煤层分布表

层位	顶深/m	底深/m	煤层厚度/m
山 2_1 段	2785.50	2787.10	1.60
山 2_3 段	2819.00	2821.00	2.00
太原组	2862.50	2866.50	4.00
本溪组	2874.00	2879.20	5.20

表 7-3　Sh 142 井上古生界天然气组成

层位	天然气相对密度	甲烷含量/%	乙烷含量/%	丙烷含量/%	正丁烷含量/%	异丁烷含量/%	正戊烷含量/%	异戊烷含量/%	氢含量/%	氮含量/%
山 2 段	0.5839	94.47	3.21	0.52	0.09	0.07	0.019	0.032	0.34	1.20

Sh 142 井煤层孔隙度取基质孔隙度平均值 7%（表 7-4），煤层基质孔隙中 S_w 取 0。采用 Tissot 法求取 Sh142 井地表条件下气体的 G_{gas}：

$$G_{gas} = H \cdot \rho_{rock} \cdot \mathrm{Toc} \cdot r \tag{7-12}$$

式中，G_{gas} 为烃源岩生气强度，$10^8 m^3/km^2$；H 为烃源岩厚度，m；ρ_{rock} 为烃源岩密度，t/km^3，煤取 $1.3\times10^6\ t/km^3$；Toc 为烃源岩有机碳含量，煤取 0.72；r 为烃源岩的产气率，$m^3/(t \cdot \mathrm{Toc})$。

表 7-4　柳林-安阳地区中、高煤阶煤孔隙度特征统计（据管俊芳等，1999）

样号	煤阶	割理孔隙度/%	基质孔隙度/%	总孔隙度/%
A4-二-3	焦煤	1.36	5.84	7.2
LQj-8-1	焦煤	1.49	10.51	12
LQj-8-5	焦煤	1.17	6.33	7.5
LQ-10-1(1)	焦煤	0.94	8.26	9.2
LQ-10-1(2)	焦煤	1.12	7.98	9.1
LQ-10-2	焦煤	1.65	9.45	11.1
AH-二 1-2	瘦煤	0.79	6.41	7.2
AH-二 1-1	瘦煤	0.53	4.07	4.6
AH-二 1-1	贫煤	0.57	11.23	11.8
AH-二 1-2	贫煤	0.73	7.27	8
AH-二 1-3	无烟煤	0.47	3.93	4.4

鄂尔多斯盆地上古生界煤岩热演化生气潜力对生烃增压影响很大，采用杨智

(2011)山西组煤岩的热模拟实验结果计算生烃膨胀力的大小(图7-6)。Sh 142井上古生界 R_o 为1.35%，根据热模拟结果其产气率取 $36m^3/(t \cdot Toc)$。该井的剥蚀厚度取值930m，计算由于生烃膨胀煤层的压力系数可达1.93~1.96(表7-5)。

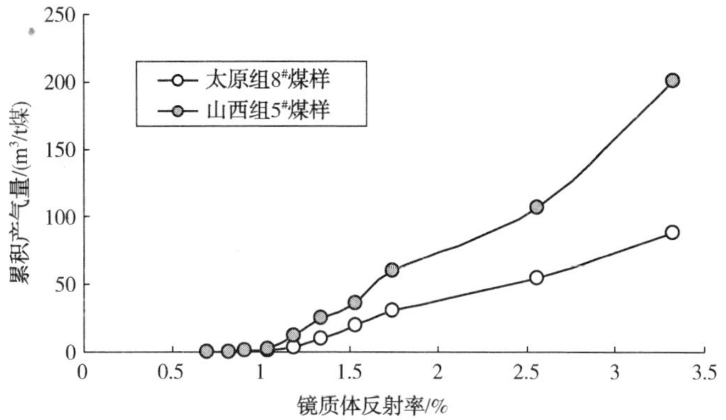

图7-6 鄂尔多斯盆地上古生界煤岩热演化生气潜力(据杨智，2011)

表7-5 Sh 142井最大埋深时期古压力计算值(R_o=1.35%)

层位	煤厚/m	压缩因子	地表条件下气体的体积 $V_0/(10^8m^3/km^2)$	古压力/MPa	剩余压力/MPa	压力系数
山 2_1 段	1.6	0.97	0.54	71.44	35.02	1.96
山 2_3 段	2.0	0.97	0.68	71.66	34.91	1.95
太原组	4.0	0.97	1.35	71.96	34.77	1.94
本溪组	5.2	0.97	1.76	72.04	34.73	1.93

注：表中Sh 142井不同层位古压力为封闭条件下的理论计算值。

Y83井上古生界 R_o 达2.17%，采用杨智(2011)山西组煤岩的热模拟实验结果计算生烃膨胀力的大小。计算可知，由于生烃膨胀煤层的压力系数可达6.28~6.43(表7-6)。

表7-6 Y83井最大埋深时期古压力计算值(R_o=2.17%)

层位	煤厚/m	压缩因子	地表条件下气体的体积 $V_0/(10^8m^3/km^2)$	古压力/MPa	剩余压力/MPa	压力系数
山 2_1 段	0.60	0.97	0.65	224.95	189.97	6.43
山 2_2 段	2.10	0.97	2.27	225.24	190.13	6.41
山 2_3 段	2.70	0.97	2.91	225.46	190.25	6.40
太原组	2.20	0.97	2.37	226.73	190.92	6.33
本溪组	1.60	0.97	1.73	227.70	191.45	6.28

注：表中Y83井不同层位古压力为封闭条件下的理论计算值。

通过理论计算可知，盆地东部上古生界煤层在封闭的地层条件下，可以产生巨大的生烃膨胀力。Snarsky（1962）的研究表明，当局部压力为静水压力的1.4~2.4倍时，岩石会破裂产生微裂隙；当地层中异常高孔隙流体压力达到静水压力的1.6~2.0倍时，在烃源岩中就可以产生张性微裂隙(李明诚，2004)。由于煤岩的破裂压力系数取决于埋藏深度和岩性等多种因素，本小节中破裂压力系数分别取1.6、1.8和2.0进行讨论。

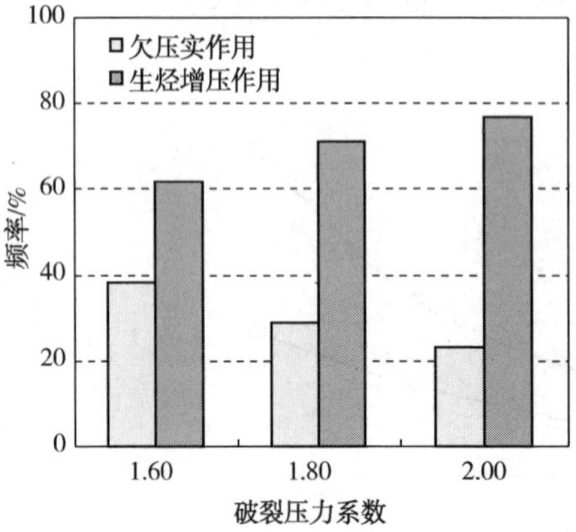

图7-7　盆地东部上古生界煤岩超压不同作用的贡献频率图

煤岩的破裂压力不同，欠压实和生烃增压的贡献程度不同。破裂压力系数≥1.6，煤岩超压的主要成因为生烃增压作用(≥60%)(图7-7、表7-7)。

表7-7　盆地东部上古生界煤岩超压不同作用的贡献频率统计表

煤岩的破裂压力系数	欠压实产生的压力系数	生烃增压产生的压力系数	欠压实贡献/%	生烃增压贡献/%
1.6	1.23	1.37	38.33	61.67
1.8	1.23	1.57	28.75	71.25
2.0	1.23	1.77	23.00	77.00

由于生成的天然气由煤层释放到储层的过程中赋存空间增大，因此，天然气在储层中形成的生烃增压会降低。盆地东部上古生界砂岩包裹体形成时期恢复的古流体压力，可看作成藏时期的储层古压力，是欠压实和生烃增压等共同作用的结果。分析储层超压成因可知，山2段储层欠压实和生烃作用大致相当，盒8段储层以欠压实作用为主(≥59%)(表7-8、表7-9和图7-8)。

表7-8　盆地东部上古生界气田盒8段和山2段储层古压力系数(流体包裹体分析测试)

气田	盒8段储层古压力系数	山2段储层古压力系数	盒8段资料井	山2段资料井
榆林气田	1.41	1.41	Sh217井	Sh116井、Sh117井、Sh118井、Sh142井、Sh205井、Sh207井、Sh214井、Sh215井、Sh217井、Sh220井
子洲气田	1.41	1.46	Y43井、Y71井、Y79井	Y43井、Y71井、Y79井
米脂气田	1.44	1.48	Zh1井、Zh5井	ZC6井

表 7-9　盆地东部上古生界气田盒 8 段和山 2 段欠压实产生的压力系数

气田	欠压实作用形成的古压力系数		
	盒 8 段	山 2 段	资料井
榆林气田	1. 24	1. 19	Sh117 井、Sh119 井、Sh214 井、Sh9 井、Y139 井、Y148 井、Y20 井
子洲气田	1. 29	1. 25	Y142 井、Y48 井、Y72 井、Y82 井
米脂气田	1. 32	1. 3	Zh5 井、Y44 井、Y55 井

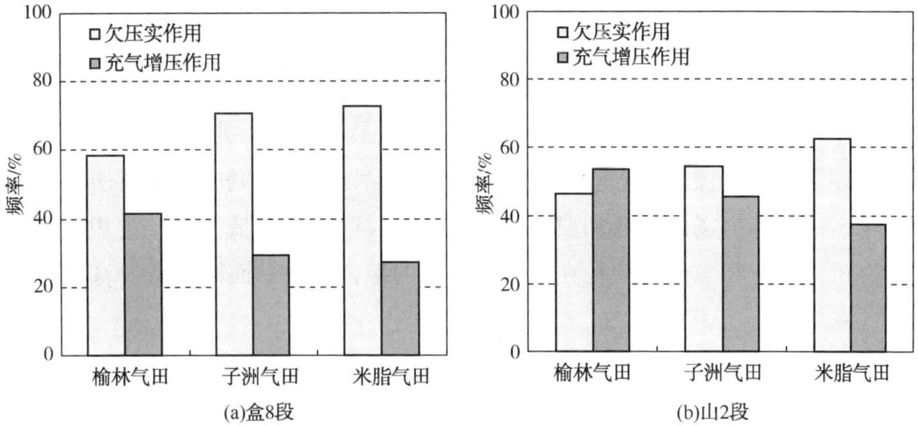

图 7-8　盆地东部上古生界储层超压不同作用的贡献频率图

三、最大埋深时期古压力分布和演化

沉积盆地中古压力研究是目前的一个难点，现今用于恢复地层古压力的主要方法有下述 3 种。

（1）压实方法。泥岩压实方法研究提供了一条间接计算地下流体压力的有效途径。泥岩孔隙度异常大小与其中流体压力成正比，平衡深度法是普遍采用的计算流体压力的有效方法。

（2）流体包裹体法。如何运用包裹体显微测温数据计算包裹体捕获时的温度和压力，是目前研究人员一直在探索的问题。大多数情况下，均一温度不等于形成温度，必须对温度进行校正（ΔT），而这种校正与压力有关。流体包裹体法是通过均一温度和流体成分之间的平衡关系来确定古压力，适用于恢复储层中油气充注时的古压力。

（3）数值模拟方法。结合烃源岩埋藏史、热史、成熟生烃史，在确定油气排烃时间的基础上恢复烃源岩生烃增压演化过程。

1. 最大埋深时期古压力分布特征

由盆地流体包裹体分析测试结果可知，盆地盒 8 段和山 2 段储层古压力系数为 1.31~1.64，地层压力为超压(表 7-10)。与前人包裹体古压力研究成果基本一致(单秀琴等，2007；王震亮等，2007；刘建章等，2008)

2. 盆地上古生界压力演化

鄂尔多斯盆地三叠纪快速沉积且沉积厚度巨大，根据盆地数值模拟结果分析盆地上古生界压力演化过程(图 7-9)。鄂尔多斯盆地在晚三叠世初开始发育过剩压力，过剩压力最高可达 5~10MPa。三叠纪末期、中侏罗世和侏罗纪末期的 3 次地层小规模抬升剥蚀使山西组过剩压力略有降低。从早白垩世开始，过剩压力又开始增加，至早白垩世末达到最高，过剩压力幅度高于前者，一般为 10~20MPa（最高达 25~30MPa）。白垩纪末期以来最强烈的一期全盆抬升剥蚀发生后，过剩压力在晚白垩世末降为常压，并一直保持至今，同时甚至有所降低。由此可见，区域压力场的形成和演化是地质历史时期盆地构造发育、沉积环境、烃源岩有机质演化和盆地热演化在孔隙流体中的综合反映，而同构造发育和沉积环境的关系更加密切。

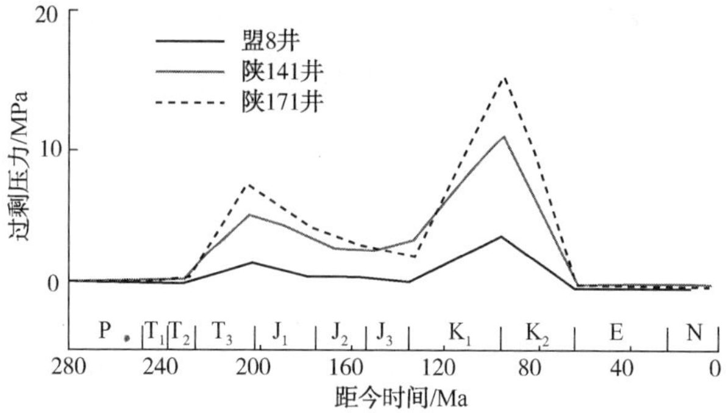

图 7-9　盟 8 井、陕 1 41 井和陕 1 71 井山西组的过剩压力演化史(据王震亮，2004)

通过分析可知，鄂尔多斯盆地上古生界地层古压力明显高于现今地层压力，相差达 15~30MPa。研究表明，鄂尔多斯盆地上古生界现今地层压力“盆地东部边缘显示正常压力，而盆地内部显示负压状态”是多种地质因素综合作用的最终体现，是盆地压力演化过程中的一个阶段，即早期正常压力→晚三叠世初出现超压→早白垩世末超压达到峰值→晚白垩世末降为正常压力→现今盆地东部边缘正常压力而盆地内部显示负压状态。

表 7-10　盆地东部上古生界砂岩包裹体形成时期的古流体压力恢复结果

井号	剥蚀厚度/m	层位	深度/m	古压力/MPa	古压力系数
Zh1 井	1180	盒 8 段	2185.00	48.19	1.46
Zh5 井	1200	盒 8 段	2248.50	48.19	1.43
Mi10 井	1270	盒 8 段	2251.80	49.30	1.43
Mi19 井	1290	盒 8 段	2220.70	45.97	1.34
Mi6 井	1180	盒 8 段	2368.40	51.55	1.48
Mi7 井	1300	盒 8 段	2006.20	48.19	1.49
Y16 井	1260	盒 8 段	2038.30	45.97	1.42
Y43 井	1100	盒 8 段	2540.30	49.30	1.38
Y71 井	1140	盒 8 段	2393.10	47.07	1.36
Y79 井	1220	盒 8 段	2192.60	49.30	1.47
Y75 井	1380	盒 8 段	2144.30	52.67	1.53
Sh217 井	970	盒 8 段	2669.50	50.42	1.41
SN3 井	1200	盒 8 段	1985.00	47.07	1.51
Y4 井	1270	盒 8 段	2118.00	44.86	1.35
Sh217 井	960	山 2 段	2778.40	52.67	1.44
Sh220 井	1010	山 2 段	2756.00	48.19	1.31
Y43 井	1100	山 2 段	2681.4	52.67	1.42
Y71 井	1140	山 2 段	2502.4	50.42	1.41
Y79 井	1220	山 2 段	2349.8	53.80	1.54
Y84 井	1290	山 2 段	2165.4	47.07	1.39
ZC6 井	1230	山 2 段	2172.4	49.30	1.48
Mi2 井	1200	山 2 段	2289.0	56.08	1.64
Mi19 井	1290	山 2 段	2331.2	49.30	1.39
Mi6 井	1180	山 2 段	2476.1	54.94	1.53
Sh116 井	940	山 2 段	2922.4	52.67	1.39
Sh117 井	925	山 2 段	2913.2	53.80	1.43
Sh118 井	930	山 2 段	2882.3	54.94	1.47
Sh142 井	940	山 2 段	2801.5	52.67	1.44
Sh205 井	880	山 2 段	2826.0	51.55	1.42
Sh205 井	850	山 2 段	2834.9	50.42	1.40
Sh214 井	950	山 2 段	2888.8	53.80	1.43
Sh215 井	980	山 2 段	2740.3	50.42	1.38

结合前人研究成果(刘新社等，2007；李仲东等，2008；张文忠等，2009)可知，鄂尔多斯盆地流体压力与气藏的形成可以分成3个阶段。

(1) 三叠纪末期-中侏罗世末期。埋深在2200~3100m之间，温度主要为100~120℃，R_o分布范围为0.8%~1.20%，有机质处于低成熟阶段，早期生成的液态烃类和少量天然气在超压作用下运移聚集。

(2) 晚侏罗世-早白垩世末期。鄂尔多斯盆地成压、成藏的关键时期，也是生气高成熟期，温度超过140℃，R_o分布范围为1.8%~2.0%。烃源岩出现超高压，表现为烃源岩急剧增压-破裂-高压流体充注砂岩-砂泥岩压力准平衡，为增压成藏过程。该时期是天然气主成藏期，大量天然气在超压作用下运移聚集。

(3) 早白垩世末-白垩纪末期。当盆地抬升受剥蚀、地温降低、生烃停止时，地层压力不断下降，尽管地层压力下降导致煤层中的吸附气体发生解吸，但是该时期天然气的逸散量远大于其供给量，主要表现为天然气藏的破坏。

四、天然气运移动力

油气在烃源岩中的初次运移和在储集层(或输导层)中的二次运移是油气运移过程中连续而特点不同的两个阶段。超压对油气的初次运移有重要作用。

所谓剩余压力是指某一深度的流体压力与同深度静水压力的差值。成藏期源储剩余压力差是指天然气在成藏关键时刻，烃源岩急剧增压-破裂-高压流体充注砂岩过程中，气源灶的供烃剩余压力与圈闭储层孔隙流体剩余压力的差值(柳广弟等，2005)。这一源储剩余压力差是天然气从烃源岩通过输导通道进入圈闭最主要的动力。

源岩的排烃压力可以作为气源灶的供烃压力，烃源岩的微裂缝排烃是目前公认的烃源岩排烃的主要机理。由于煤岩的破裂压力系数取决于埋藏深度和岩性等多种因素，本小节烃源岩超压成因中破裂压力系数分别取1.6和1.8两种情况进行讨论。当煤层的破裂压力系数取1.6时，榆林气田山2段的源储剩余压差平均为6.62MPa，子洲气田山2段的源储剩余压差平均为5.04MPa(表7-11)。

表7-11 鄂尔多斯盆地东部上古生界源储剩余压差计算结果

井号	剥蚀厚度/m	层位	深度/m	储层剩余压力/MPa	破裂压力系数取1.6		破裂压力系数取1.8	
					烃源岩剩余压力/MPa	源储剩余压差/MPa	烃源岩剩余压力/MPa	源储剩余压差/MPa
Zh5井	1200	盒8段	2248.50	14.39	20.87	6.47	27.82	13.43
Y71井	1140	盒8段	2393.10	12.45	21.29	8.84	28.38	15.94
Y79井	1220	盒8段	2192.60	15.86	20.89	5.03	27.85	11.99

续表

井号	剥蚀厚度/m	层位	深度/m	储层剩余压力/MPa	破裂压力系数取 1.6		破裂压力系数取 1.8	
					烃源岩剩余压力/MPa	源储剩余压差/MPa	烃源岩剩余压力/MPa	源储剩余压差/MPa
Y75 井	1380	盒 8 段	2144. 30	18. 14	21. 56	3. 42	28. 75	10. 61
SN3 井	1200	盒 8 段	1985. 00	15. 86	19. 28	3. 42	25. 70	9. 84
Y14 井	1270	盒 8 段	2118. 00	11. 66	20. 57	8. 91	27. 42	15. 77
Sh217 井	960	山 2 段	2778. 40	16. 04	21. 98	5. 94	29. 31	13. 27
Y43 井	1100	山 2 段	2681. 40	15. 62	22. 10	6. 49	29. 47	13. 85
Y71 井	1140	山 2 段	2502. 40	14. 73	21. 29	6. 56	28. 38	13. 66
Y79 井	1220	山 2 段	2349. 80	18. 82	20. 89	2. 07	27. 85	9. 03
M19 井	1290	山 2 段	2331. 20	13. 81	21. 34	7. 52	28. 45	14. 63
M6 井	1180	山 2 段	2476. 10	19. 11	21. 50	2. 39	28. 66	9. 55
Sh116 井	940	山 2 段	2922. 40	14. 82	22. 67	7. 85	30. 23	15. 41
Sh117 井	925	山 2 段	2913. 20	16. 19	22. 56	6. 37	30. 08	13. 89
Sh118 井	930	山 2 段	2882. 30	17. 58	22. 41	4. 83	29. 88	12. 30
Sh142 井	940	山 2 段	2801. 50	16. 01	22. 05	6. 04	29. 39	13. 39
Sh205 井	880	山 2 段	2826. 00	15. 23	21. 68	6. 45	28. 91	13. 68
Sh207 井	850	山 2 段	2834. 90	14. 31	21. 52	7. 21	28. 69	14. 38
Sh214 井	950	山 2 段	2888. 80	16. 18	22. 55	6. 37	30. 07	13. 89
Sh215 井	980	山 2 段	2740. 30	13. 96	21. 78	7. 81	29. 04	15. 07

根据盆地东部盒 8 段和山 2 段源储剩余压差和含气饱和度分析，源储剩余压差和含气饱和度之间具有明显的正相关性，充注动力对气藏丰度具有明显的控制作用(图 7-10)。

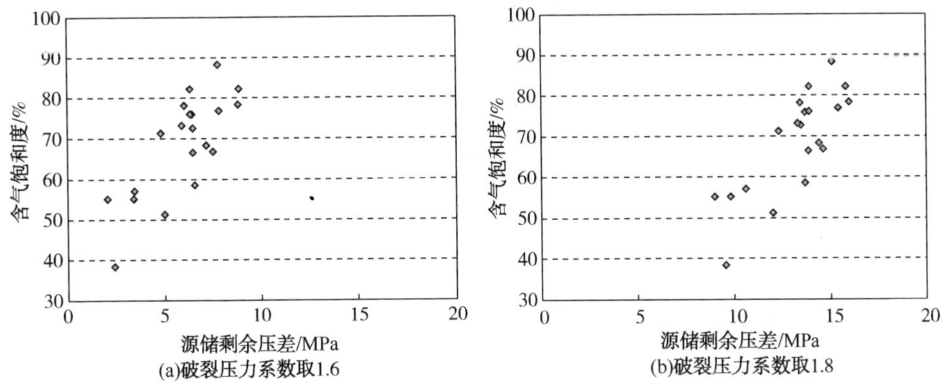

图 7-10　盆地东部上古生界源储剩余压差和含气饱和度关系图

盆地西部盒 8 段砂岩包裹体形成时期恢复的古流体压力，可以看作成藏时期的储层古压力，由此可以计算出储层的剩余压力。源岩的排烃压力可以作为气源灶的供烃压力，本小节中烃源岩超压成因中破裂压力系数取 1.6。鄂托克旗地区盒 8 段的源储剩余压差平均为 4.76MPa(表 7-12)。

表 7-12　鄂托克旗地区盒 8 段源储剩余压差计算结果

样品	层位	现埋深/m	剥蚀厚度/m	古埋深/m	储层压力/MPa	储层剩余压力/MPa	山 2 段烃源岩剩余压力/MPa	源储剩余压差/MPa
Su6	盒 8 段	3328.5	400	3728.50	50.60	13.70	22.67	8.97
T6	盒 8 段	3364.9	580	3944.90	56.80	17.75	24.04	6.29
Zh4	盒 8 段	3008.0	620	3628.00	55.60	19.69	22.03	2.34
Su1	盒 8 段	3546.1	550	4096.12	64.04	23.50	24.93	1.43

注：表中包裹体形成的储层压力据张文忠(2009)和袁际华(2005)。

第 2 节　天然气运移的输导体系

一般认为，输导体系是连接源岩与圈闭的运移通道所组成的输导网络，主要包括具有一定孔渗条件的岩体(高孔渗砂体)、不整合面、断层和裂缝，以及这几种类型的复合类型。它作为油气成藏中连接生烃与圈闭之间的“桥梁与纽带”，在某种程度上决定着含油气盆地内各种圈闭最终能否成为油气藏，以及油气聚集的数量，而且还决定着油气在地下向何处运移，在何处成藏及成藏类型。许多学者曾为此做过大量的研究。然而，由于受地质条件的复杂性及人们认识水平的限制，使得油气输导体系的研究仍为油气成藏条件研究中的一个薄弱环节(付广等，2001)。

20 世纪 90 年代以来，含油气系统理论和成藏动力学系统理论的发展促进了系统化、动态化的油气成藏研究(刘成林，2004)。作为沟通源岩与储层的桥梁，深入研究输导体系的类型、特征、分布、影响因素、时空关系和有效性，有助于认识油气运移的动态过程，揭示油气成藏规律，发现油气富集区(朱筱敏等，2005)。

一、砂岩输导体系

砂岩输导体系指具有一定孔渗条件的岩体，在一些文献中又称为输导层或储集层输导体系。

沉积盆地内粗碎屑砂体构成盆地充填中骨架沉积体。它们既是油气运移的主要通道之一，又是油气聚集的主要场所(赵忠新等，2002)。骨架砂体(如三角洲、扇三角洲砂体、滨岸砂体、浊积水道砂体等)均具有良好的孔隙性能，是沉积盆地内发育的重要输导体。

苏里格气田属于克拉通盆地岩性气藏，输导体系主要类型为砂体型，也有少量断裂型、砂体-断裂型(刘成林，2004)。砂体型又可进一步分为厚层带状砂体、薄层带状砂体、透镜状砂体等类型。三角洲相砂体平面上连片分布，垂向上多期叠合，为高效的输导体系。

二、断裂和宏观裂缝

断裂可以作为油气二次运移的良好通道。由于断裂不像孔隙那样大小不一，迂回曲折，油气沿断裂通道运移比在岩石孔隙中运移更容易。根据长庆物探研究所资料，盆地东部断裂构造主要发育在盆地东北部榆 17 井以北地区，特别是在 M5 井周围及其以北地区较为发育(图 7-11)。这些断裂构造发育的区域也正是石千峰组目前勘探发现的主要含气分布范围。

宏观裂缝同样是油气二次运移的良好通道(表 7-13)。4 口井的岩心裂缝统计结果表明，鄂尔多斯盆地东部上部含气组合高角度裂缝和垂向裂缝发育，多数未充填，少量方解石或泥质充填。

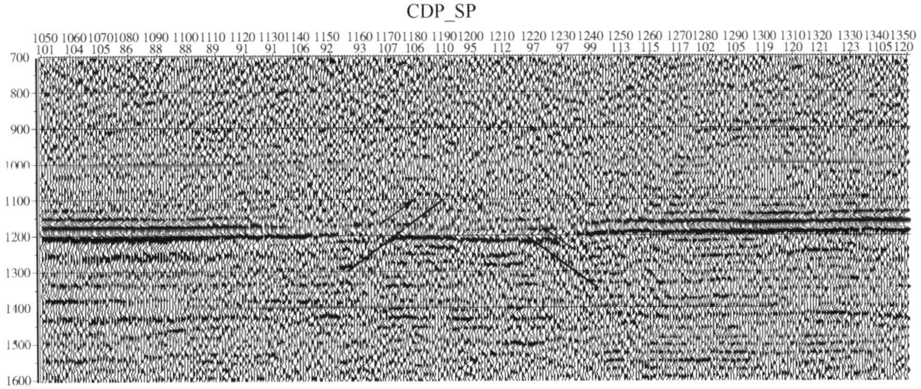

图 7-11　地震 97SD77 剖面断层解释图(Y17 井西北 15km，据长庆油田勘探开发研究院)

三、微裂缝

油气从烃源层向储集层运移的途径主要有孔隙、微层理面和微裂缝。在未熟-低熟阶段，运移的途径主要是孔隙和微层理面；但是在成熟-过成熟阶段，当烃类从生油岩进入骨架砂体后，油气运移的途径主要转为微裂缝。

表 7-13 鄂尔多斯盆地东部石盒子组和石千峰组岩心裂缝统计表

井　号	深度/m	层位	长度/cm	宽度/mm	条数	岩性	裂缝性质	充填性质	测井解释
SN11 井	1653. 5	千 3 段	—	—	2	灰绿色泥岩	多组发育 45°~50°镜面		干层
	1655. 1	千 3 段	5	1	2	灰绿色泥岩	垂向与横向裂缝	未充填	干层
	1655. 5	千 3 段	6	1	2	灰绿色泥岩	横断面上网状裂缝	未充填	干层
	1956. 1	盒 7 段	—	—	1	黑色泥岩	镜面		
	2009. 1	盒 7 段	—	—	1	灰绿色泥岩	镜面，75°	未充填	
	2031. 1	盒 8 上段	3	2	1	灰绿色细砂岩	高角度裂缝，缝面平整	未充填	
M10 井	2086. 1	盒 3 段	20	2	1	灰白色含砾粗砂岩	高角度裂缝，缝面平整	未充填	含气层
	2088. 1	盒 3 段	10	2	1	紫红色泥岩	高角度裂缝，缝面平整	方解石充填	
	2088. 5	盒 3 段	—	—	1	紫红色泥岩	镜面		
	2089. 2	盒 3 段	6	2	1	紫红色粉砂岩	高角度裂缝，缝面平整	方解石充填	
	2179. 1	盒 6 段	2	1	1	灰白色含砾砂岩	高角度裂缝，缝面平整	未充填	干层
	2182. 1	盒 6 段	3	1	2	灰绿色泥岩	两组剪解理，局部镜面	未充填	干层
	2182. 3	盒 6 段	4	2	1	灰白色含砾砂岩	垂向裂缝，缝面平整	未充填	干层
	2251. 3	盒 8 下段	250	2	1	浅灰绿色砂岩	垂向裂缝，缝面平整	未充填	干层
SN25 井	1828. 1	盒 3 段	4	1	1	浅灰绿色砂岩	垂向裂缝，缝面平整	未充填	气层
	1833. 1	盒 3 段	4	2	1	灰绿色含砾砂岩	高角度裂缝，缝面平整	未充填	气层
	1865. 9	盒 4 段	—	—	3	灰黑色泥岩	多组镜面		
	2110. 5	盒 8 上段	3	1	1	浅灰绿色砂岩	垂向裂缝，缝面平整	方解石充填	气层
	2136. 5	盒 8 下段	—	—	3	灰黑色泥岩	2m 内有多组泥岩镜面		干层
SN12 井	2232. 1	盒 1 段	5	1	2	浅灰绿色砂岩	两条不平行垂直裂缝，缝面光滑	泥质半充填	干层
	2235. 1	盒 1 段	6	1	2	浅灰绿色砂岩	两条不平行垂直裂缝，缝面光滑	泥质半充填	
	2237. 7	盒 1 段	6	1	1	浅灰绿色砂岩	85°裂缝，面平滑	泥质半充填	干层
	2516. 7	盒 8 上段	10	1	1	浅灰绿色砂岩	高角度裂缝，面不光滑	未充填	

异常高流体压力能导致烃源岩形成微裂缝的观点已被人们普遍接受。Snarsky(1962)认为，当流体压力超过静水压力的1.42~2.4倍时，岩石就会产生裂隙。Momper(1978)认为，在松软地层中流体压力只要达到上覆静岩压力的80%时，就能打开原有近水平的脆弱面(如层理、裂隙)，并形成新的垂直微裂缝。这种微裂缝具有周期性开启与闭合的特点(Rouchet，1981；Ungerer等，1983)。Rouchet(1981)指出，当裂隙周围介质的孔隙压力等于裂隙中的孔隙压力时，裂隙可长时期保持开启；当周围介质孔隙流体压力低于裂隙中的初始压力时，这类裂隙会由于其流体渗流到周围的孔隙中而迅速闭合。Ungerer等(1983)的研究结果也表明，在微裂缝张开之后，原先封闭的流体就沿裂缝排出，随后在上覆地层负荷作用下裂缝闭合。此后又可建立新的高压，重复上述过程。镜下观察发现，盆地上古生界气态烃包裹体广泛发育于砂体微裂缝中(图7-12)，说明微裂缝是其重要的运移通道。

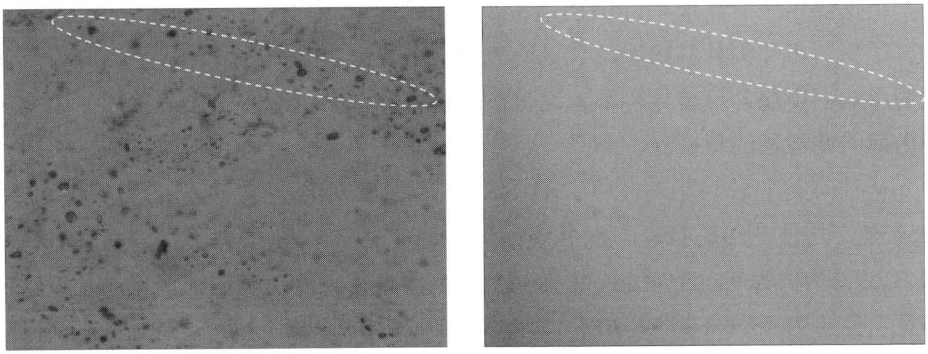

图7-12 Su6井盒8段(3327.5m)愈合微裂缝中发育气态烃包裹体(500倍)

第3节 天然气成藏模式

鄂尔多斯盆地气藏分布主要受岩性的发育特征和烃源岩的共同控制，因此，对鄂尔多斯盆地东部成藏组合的划分主要考虑了岩性圈闭与烃源岩的关系，将上古生界划分为下部成藏组合、中部成藏组合和上部成藏组合(傅锁堂等，2006)。

一、下部含气组合

下部成藏组合分布于本溪组、太原组和山西组山2段。该套地层是煤系地层烃源岩发育段，海相和海陆过渡相石英砂岩、岩屑石英砂岩和灰岩储层与烃源岩互层，形成了源内成藏组合(傅锁堂等，2006)。鄂尔多斯盆地上古生界致密储层形成于侏罗纪，天然气成藏期主要为早白垩世，致密储层形成时间要早于气藏形成时间(刘新社等，2007)。

1. 天然气中的甲烷含量受烃源岩热演化程度控制

以往的研究认为，鄂尔多斯盆地上古生界天然气藏是由南向北或由西南向东北，由高成熟演化区向低成熟演化区经过长距离运移形成的。随着研究的深入，越来越多的证据表明，天然气的运移具有近距离运移特征。

一般来说，在热演化阶段形成的天然气，其甲烷的含量与热演化程度高低成正比。演化程度越高，天然气中甲烷含量也越高，反之亦然。鄂尔多斯盆地上古生界气层在 R_o>2.0%的区域，甲烷含量大于95%，以干气为主；在 R_o<2.0%的区域，甲烷含量随着 R_o 的降低而降低。西缘和北部烃源岩演化程度较低，R_o=0.7%~1.25%，凝析油井占72%。这种演化程度和甲烷含量的正相关性说明了气层的天然气来自就近的烃源岩。同理，甲烷碳同位素在平面上受烃源岩演化影响明显，从南至北呈现降低的趋势。

根据鄂尔所斯盆地东部山西组甲烷含量等值线图分析(长庆油田，2007)可知，子洲气田和榆林气田甲烷含量均为95%~97%，排除甲烷含量受烃源岩热演化的影响，甲烷含量差异较小，说明在沉积相带上显示连通的河道砂体并无大规模由南向北运移的特征。

从垂向上来看(图7-13)，本溪组气藏中甲烷含量分布范围为89.96%~98.95%，均值为95.44%(18个样品)。太原组气藏中甲烷含量为80.10%~99.31%，均值为94.47%(112个样品)。山$_2$段整体含气层系中甲烷含量分布范围较宽，分布为73.6%~99.20%，均值为93.97%(69个样品)。随着埋深增加，烃源岩热演化程度加强，因而从本溪组、太原组和山2段垂向上也受到烃源岩演化影响，随着深度的变浅，甲烷含量降低。

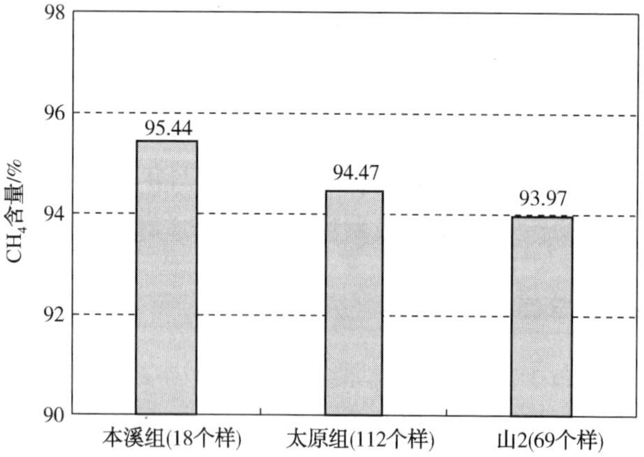

图7-13　鄂尔多斯盆地东部下部成藏组合不同层位甲烷含量直方图

沉积环境相同，有机质的成分和性质也基本一致时，天然气的组分变化基本取决于热演化程度。天然气中的甲烷含量平面上和垂上的分布特征表明，下部成藏组合中天然气以就近聚集为主，垂向和侧向运移距离均比较短。

2. 天然气的 ΔR_3 值

天然气成分参数能不同程度地反映运移色层效应，但同时又受到成熟程度和母质类型的影响。天然气的 ΔR_3 值在反映运移色层效应时最为有效(傅家谟等，1992)。

$$\Delta R_3 = \frac{|R_3 - R_4|}{R_4}$$

式中，$R_3 = iC_4/nC_4$；$R_4 = iC_4/C_3$。

R_3、R_4往往反映母质类型的差异，但按上述公式组合后，ΔR_3受母质类型的影响将大为减小。沿着运移方向，R_3递增，R_4递减，将使 ΔR_3表现为更大幅度的增加，从而成为良好的运移指标。

从山西组的 ΔR_3分布分析可知，ΔR_3值的幅度分布区间为 0.9~16，总体上东西两侧低，最高处在子洲–米脂一带，最低处在横山以西和神木西南，天然气以就近聚集为主，平面上，山西组天然气存在由西向东和由东南向西北的短距离侧向运移。

3. 气田内多个压力系统并存(以子洲气田为例)

压力系统是在油气藏的纵、横向上流体能连续流动，压力能相互传递的渗流体系的范围。子洲气田上古生界储层致密、纵横向非均质性强，储层在平面上的连通性差，导致现今气田多个压力系统并存。根据子洲气田井筒实测静压力资料，计算出气层压力梯度为 0.16MPa/100m。根据压力梯度曲线法可知，子洲气田山 2 段可初步划分为多个压力系统。气田内单个压力系统分布面积小，压力系统之间互相分隔、互不连通。

由于子洲气田山 2 段测压井有限，该分析只是对其压力系统的一个初步认识，还有待今后开发井加密后进一步的再认识和深化。压力系统分布特征进一步证实，现今子洲气田山 2 段平面上连通性差。

4. 源储剩余压力差是天然气运移的主要动力

在下部含气组合，盆地东部源储剩余压力差范围为 2.07~7.85MPa，平均值为 5.99MPa。是天然气从烃源岩通过输导通道进入储集层最主要的动力。综上所述，根据天然气的地球化学指标和成藏动力分析，下部含气组合本溪组、太原组和山西组山 2 段中，天然气在源储剩余压力差作用下从烃源岩运移出后在有利的储集层就近成藏，平面上山西组存在短距离由西向东和由南向北的侧向运移(图

7-14)。子洲气田山2段现今压力系统分布特征进一步说明，气田在平面上连通性差，不具备远距离侧向运移的输导条件。

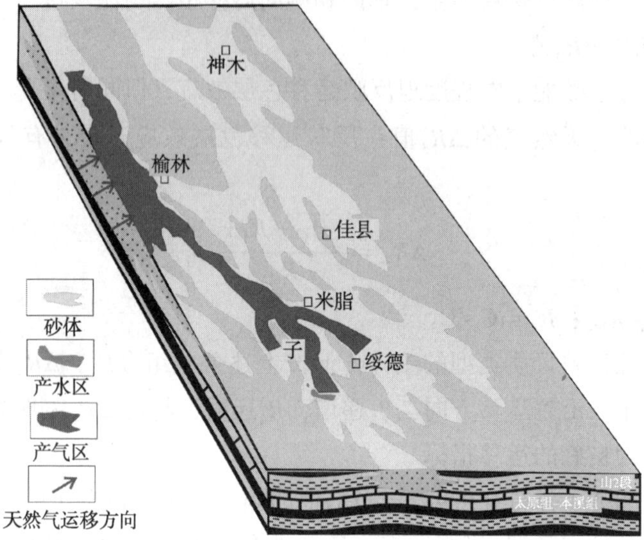

图 7-14　盆地东部下部含气组合成藏模式图

下部含气组合中山2段与烃源岩互层，源储剩余压力差达5.99MPa，油气充注动力大。在中值孔喉半径达1.0 μm的主河道构造下倾部位，孔隙结构产出水类型以自由水为主，多数为边底水类型。子洲气田储层物性好，山2段产气井日产气量平均达$4.94\times10^4m^3$；神木-米脂地区储层物性条件一般，产气井日产气量为$0.88\times10^4\sim5.92\times10^4m^3$，平均达$2.58\times10^4m^3$。总体而言，在早白垩世，大量天然气沿叠置的砂体和裂缝垂向运移至致密储层就近聚集成藏，运移动力、储层和构造是下部成藏组合天然气成藏的主要控制因素。

二、中部含气组合

中部成藏组合分布于山西组山1段和下石盒子组盒8-盒5段，为下生上储式的近源含油气成藏组合(傅锁堂等，2006)。中部含气组合天然气充注具有先致密后成藏的特点，天然气运移以近距离垂向运移为主，垂向运移距离一般在100~150m以内。盆地山西组地层西部比东部地层薄约25~30m，因此，西部垂向运移距离比东部会更短。

1. 天然气组分的地球化学特征

从甲烷含量的垂向特征分析，甲烷含量整体随运移路径的增加而增大。鄂尔多斯盆地东部山2段整体含气层系中甲烷含量分布范围较宽，分布在73.6%~

99.20%之间，均值为93.97%(69个样品)；山1段整体含气层系中甲烷含量分布范围为84.73%~97.91%，均值为93.99%(19个样品)；下石盒子组整体含气层系中甲烷含量分布范围为85.26%~98.87%，均值为94.31%(82个样品)。

从鄂尔多斯盆地东部干燥系数的垂向特征分析(图7-15)可知，干燥系数总体上随运移路径的增加而增大：山2段含气层系69个样品干燥系数均值为41.42，山1段含气层系19个样品干燥系数均值为28.28，下石盒子组82个样品干燥系数均值为40.83。

鄂尔多斯盆地东部上古生界太原组、山2段、盒8段和千5段气藏的$\delta^{13}C_1$值频率主峰值分别为-33‰~-31‰、-33‰~-32‰、-35‰~-34‰和-37‰~-36‰，$\delta^{13}C_2$值频率主峰值分别为-21‰~-20‰、-26‰~-21‰、-24‰~-23‰和-29‰~-27‰，$\delta^{13}C_3$值频率主峰值分别为-21‰~-20‰、-25‰~-23‰、-24‰~-22‰和-25‰~-23‰(李艳霞等，2013)。山2段、盒8段和千5段随着埋深的变浅，甲烷、乙烷和丙烷碳同位素总体有变轻的趋势，是垂向上运移分馏作用的结果。

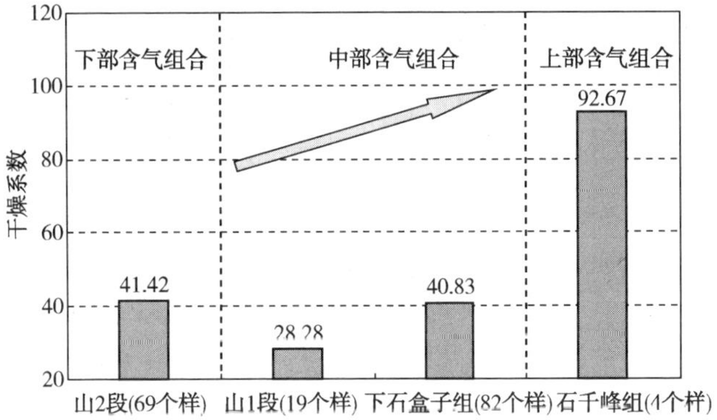

图7-15 鄂尔多斯盆地东部中部含气组合不同层位干燥系数统计图

天然气组分和碳同位素组成表明，苏里格气区山西组到下石盒子组受控于运移分馏作用(李军等，2013；曹锋等，2011)。甲烷系数增大，重烃含量减小，干燥系数增大，$\delta^{13}C_2$、$\delta^{13}C_3$、$\delta^{13}iC_4$和$\delta^{13}nC_4$的值都变小但变化幅度不大(表7-14)。

2. 含气饱和度纵向上分布特征

鄂尔多斯盆地东部上古生界含气饱和度从垂向上来看(图7-16)，下部成藏组合本溪组、太原组和山2段呈现逐渐增加的趋势。盆地东部中、上部成藏组合山1段、盒8下段、盒8上段、千5段含气饱和度平均值分别为50.2%、51.95%、49.53%和38.68%，总体呈现逐渐降低趋势，表明距离烃源岩越远、含气饱和度越低的垂向运移特征。盆地东部山 1 段含气饱和度低于盒 8 下段，主要是因为山 1 段储层物性比盒 8 下段差。

表 7-14　苏里格大气区天然气碳同位素组成(据曹锋等，2011)

层位	数据个数	深度范围/m		$\delta^{13}C$/(PDB,‰)				
				C_1	C_2	C_3	iC_4	nC_4
下石盒子组	33	2798~3679	最大值	-27.8	-21.9	-23.0	-18.2	-22.2
			最小值	-35.0	-27.2	-28.1	-26.7	-28.6
			平均值	-31.7	-24.1	-25.1	-23.0	-24.2
山西组	19	2778~3758	最大值	-28.3	-21.7	-21.8	-20.6	-21.4
			最小值	-36.5	-26.8	-26.4	-28.3	-25.0
			平均值	-32.8	-24.0	-24.3	-22.6	-23.2

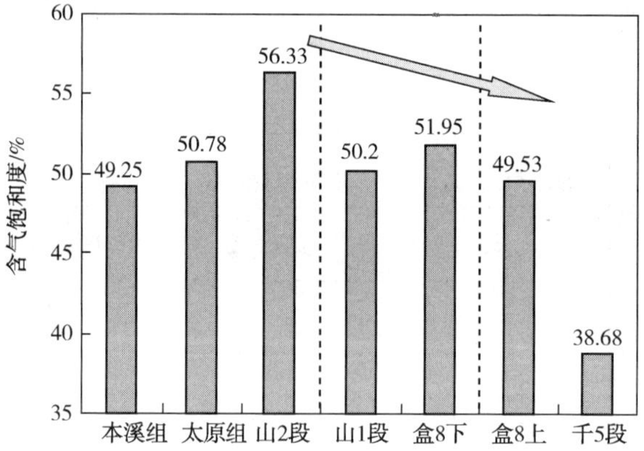

图 7-16　鄂尔多斯盆地东部上古生界不同层位含气饱和度平均值

3. 源储剩余压力差是天然气运移的主要动力

在中部含气组合中，源储剩余压力差是天然气从烃源岩通过输导通道进入储集层最主要的动力。天然气从烃源岩进入储层后，储层展布比较平缓，浮力对油气运移的影响不大。

依据天然气的地球化学特征、含气饱和度和运移动力等垂向特征的综合分析，鄂尔多斯盆地东部中部成藏组合中天然气具有从下部含气组合垂向向上运移的特征(图 7-17)。由于中部含气组合距离下部烃源岩比较近，因此甲烷含量和干燥系数与下部差别不大。

曹锋等(2011)通过地球化学、储层和古构造背景等证据明确了苏里格气区是天然气近源短距离运聚的结果。盆地西部鄂托克旗地区中部含气组合距离烃源岩一百余米，源储剩余压力差为 4.76MPa，天然气充注动力较弱。鄂尔多斯盆地西

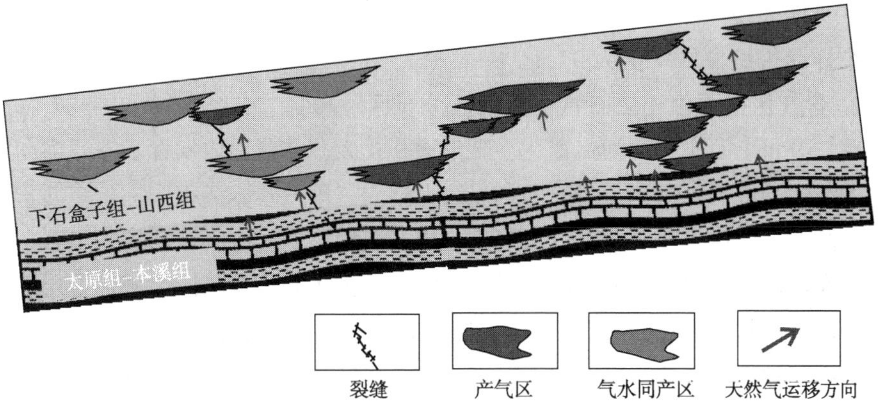

图 7-17　鄂尔多斯盆地西部中部成藏组合运移剖面模式图

部盒 8 段比子洲地区山 2 段储层差，充注动力较弱，因而产出水类型以毛细管水为主。总体而言，早白垩世大量天然气沿叠置的砂体和裂缝垂向运移至致密储层近源垂向运移成藏，动力、储层、输导体系和构造是鄂尔多斯盆地中部成藏组合天然气成藏的主要控制因素。

三、上部含气组合

该含气组合是上石盒子组区域性盖层之上的以上石盒子组、石千峰组河流相砂体为储集层的含气组合，为下生上储式（傅锁堂等，2006）。纵向上离下部石炭-二叠系煤系烃源岩距离较远，属于远源含气组合。上部含气组合中，天然气以远源垂向运移为主，垂向运移距离一般超过 300m。

1. 天然气中的甲烷含量

从甲烷含量的垂向特征分析（图 7-18）可知，甲烷含量随运移路径的增加而

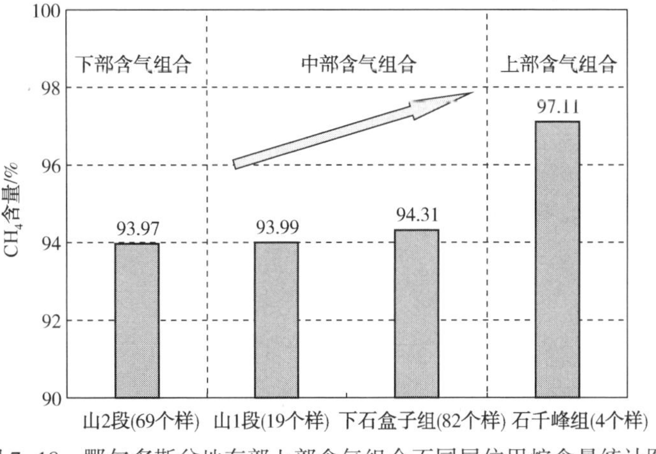

图 7-18　鄂尔多斯盆地东部上部含气组合不同层位甲烷含量统计图

增大，具体表现为：下石盒子组气藏 82 个样品甲烷含量均值为 94.31%，石千峰组 4 个样品甲烷含量均值为 97.11%。

2. 含气区主要位于上石盒子组低压分布区

晚二叠世上石盒子期河流退化，湖泊面积扩大，在盆地内发育了一套横向展布稳定的滨浅湖沉积，沉积了一套湖相泥岩夹湖泊三角洲砂体沉积。鄂尔多斯盆地广大地区滨浅湖沉积发育，在下盒子河流三角洲沉积之上形成区域性储盖组合。上石盒子组在鄂尔多斯盆地大范围内构成了以泥岩为主体的异常高压区域性盖层。石千峰组距离下部石炭-二叠系煤系烃源岩距离较远，属于远源含气组合。石千峰组与烃源岩中间被上石盒子组区域泥岩盖层分隔，从烃源岩中生成的天然气只能突破上石盒子组过剩压力低值区，向上运移至石千峰组聚集成藏。从古压力与现今油气分布的关系图(图 7-19)可以看出，上石盒子组低压力区和石千峰组油气分布范围有着很好的对应关系。石千峰组油气绝大部分分布在盆地东缘上石盒子组压力低于 50MPa 的范围内，仅官庄附近的 Sh25 井～Y14 井区古压力值略高一些。由此可见，上石盒子组低压分布对石千峰组气藏的形成具有一定控制作用。

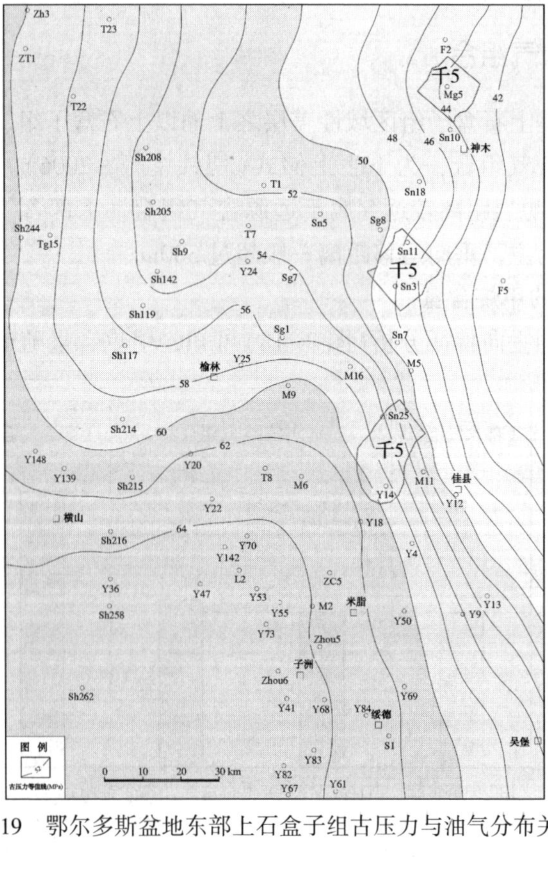

图 7-19　鄂尔多斯盆地东部上石盒子组古压力与油气分布关系图

鄂尔多斯盆地东部发育的断裂和裂缝构成了上部含气组合的优势运移通道，烃源岩中生成的天然气经由这些优势运移通道聚集成藏(图 7-20)。因此，上部含气组合具有含气面积小、分布零散和含气区不受沉积体系控制的特征，水层广泛发育。

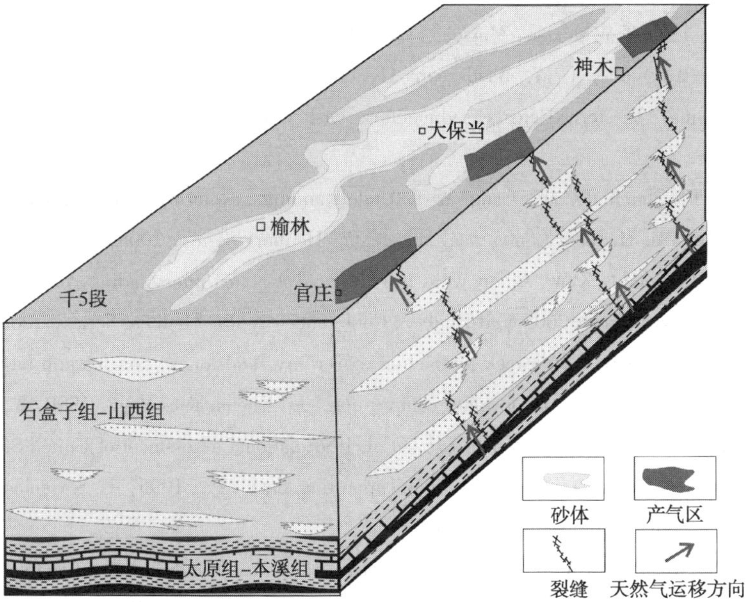

图 7-20 盆地东部上部成藏组合运移模式图

综上所述，根据天然气的地球化学指标分析可知，从下部烃源岩运移出后经由断裂和裂缝的优势通道垂向向上运移聚集成藏，在上部含气组合中天然气以超压为主要的动力，输导体系是上部成藏组合天然气成藏的主要控制因素。

盆地上古生界不同含气组合均具有垂向运移成藏的特征。盆地东部下部含气组合山 2 段源储剩余压力差达 5. 99MPa，油气充注动力大，孔隙结构较好，产出水类型以自由水为主；盆地西部鄂托克旗地区盒 8 段源储剩余压力差为 4. 76 MPa，天然气充注动力较弱，孔隙结构较差，产出水类型以毛细管水为主。

参 考 文 献

[1] Barnaby R J, Getting G C, Gao Guoqiu. Strontium isotopic signatures of oil-field waters: Applications for reservoir characterization. AAPG Bulletin, 2004, 88: 1677-1704.

[2] Birkle P, Rosillo J J, Arago'n E, et al. Evolution and origin of deep reservoir water at the Activo Luna oil field, Gulf of Mexico, Mexico[J]. AAPG Bulletin, 2002, 86(3): 457-484.

[3] Connolly C A, Walter L M, Baadsgaard H, et al. Origin and evolution of formation waters, Alberta Basins: Western Canada sedimentary basin [J]. Applied Ceochemistry, 1990, 5: 375-395.

[4] Cumella S P, Shanley K W, Camp W K. Understanding, exploring, and developing tight-gas sands- 2005 Vail Hedberg Conference[M]. AAPG Hedberg Series, 2008, (3): 1-4.

[5] Cumella S P, Shanley K W, Camp W K. Introduction[A]. In Understanding, exploring, and developing tight-gas sands-2005 Vail Hedberg Conference: AAPG Hedberg Series, 2008, 3: 1-4.

[6] Fisher J B, Boles J R. Water-rock interaction in Tertiary sandstones, San Joaquin basin, California, USA: diagenetic controls on water composition [J]. Chemical Geology, 1990, 82: 83-101.

[7] Gautier D L, Dolton G L, Takahashi K I, et al. 1995 national assessment of United States oil and gas resources—results, methodology, and supporting data[A]. 1995, U.S. Geological Survey Digital Data Series DDS-30, 1 CD-ROM.

[8] Golab A N, Knackstedt M A, Averdunk H, et al. 3D porosity andmineralogy characterization in tight gas sandstones[J]. The Leading Edge, 2010, 29(12): 1476-1483.

[9] Hayes B J. Evolution of tight gas sandstone plays and production, Western Canada Sedimentary Basin [A] . in 2008 AAPG annual convention and exhibition; abstracts volume, Anonymous . 2008.

[10] Land L S. Na-Ca-Cl saline formation water, Frio Formation (Oligocene), South Texas, USA: products of diagenesis[J]. Geochimica et Cosmochimica Acta, 1995, 59(11): 2163-2174.

[11] Law Ben. Basin-Centered Gas Systems[J]. AAPG Bulletin, 2002, 86(11): 1891-1919.

[12] Mark W, Stephen O, Bitrus P, et al. Overpressures in the Taranaki Basin: Distribution, causes, and implications for exploration[J]. AAPG Bulletin, 2011, 95(3): 339-370.

[13] Masters J A. Deep Basin gas trap, western Canada[J]. AAPG Bulletin, 1979, 63(2): 152-181.

[14] Miller M, Shanley K. Petrophysics in tight gas reservoirs—key challenges still remain [J]. The Leading Edge, 2010, 29(12): 1464-1469.

[15] Shanley K W, Cluff R M, Robinson J W. Factors controlling prolific gas production from low-permeability sandstone reservoirs[J]. AAPG Bulletin, 2004, 88(8): 1083-1121.

[16] Tobin R C, Clain T M, Lieber R B, et al. Reservoir qualitymodeling of tight-gas sands in Wamsutter field: Integration of diagenesis, petroleum systems, and production data [J]. AAPG Bulle-

tin, 2010, 94(8): 1229-1266.
[17] Zeng L b. Microfracturing in the Upper Triassic Sichuan Basin tight-gas sandstones: Tectonic, overpressure, and diagenetic origins [J]. AAPG Bulletin, 2010, 94(12): 1811-1825.
[18] Zhang Y, Gable C W, Zyvoloski G A, , et al. Hydrogeochemistry and gas compositions of the Uinta Basin: A regional-scale overview[J]. AAPG Bulletin, 2009, 93(8): 1087-1118.
[19] 蔡春芳, 梅博文, 李伟. 塔里木盆地油田水文地球化学[J]. 地球化学, 1996, 25(6): 614-623.
[20] 蔡春芳, 梅博文, 李伟. 塔中古生界油田水化学与流体运移和演化[J]. 石油勘探与开发, 1997, 24(1): 18-21.
[21] 蔡春芳. 沉积盆地流体-岩石相互作用研究的现状[J]. 地球科学进展, 1996, 11(6): 575-579.
[22] 蔡春芳. 塔中古生界油田水的成因和混合的证据[J]. 地球化学, 2000, 29(5): 504-510.
[23] 蔡希源. 深层致密砂岩气藏天然气富集规律与勘探关键技术——以四川盆地川西坳陷须家河组天然气勘探为例[J]. Oil & Gas Geology, 2010, 31(6): 707-714.
[24] 曹锋, 邹才能, 付金华, 等. 鄂尔多斯盆地苏里格大气区天然气近源运聚的证据剖析[J]. 岩石学报, 2011, 27(3): 857-866.
[25] 曹海防, 夏斌, 张娣, 等. 松辽盆地地层水化学特征及其流体-岩石相互作用探讨[J]. 天然气地球科学, 2006, 17(4): 566-572.
[26] 曹青, 赵靖舟, 付金华, 等. 鄂尔多斯盆地上古生界准连续型气藏气源条件 [J]. 石油与天然气地质, 2013, 34(5): 584-591.
[27] 曹青. 鄂尔多斯盆地东部上古生界致密储层成岩作用特征及其与天然气成藏耦合[D]. 西安: 西北大学, 2013.
[28] 陈荷立, 罗晓容. 泥岩压实曲线研究与油气运移条件分析[J]. 石油与天然气地质, 1987, 8(3): 233-241.
[29] 陈荷立, 罗晓容. 砂泥岩中异常高流体压力的定量计算及其地质应用[J]. 地质论评, 1988, 34(1): 54-63.
[30] 陈全红, 李文厚. 鄂尔多斯盆地西南部晚古生代早——中期物源分析[J]. 现代地质, 2006, 20 (4) : 628-634.
[31] 陈全红. 鄂尔多斯盆地上古生界沉积体系及油气富集规律研究 [D]. 西安: 西北大学, 2007.
[32] 陈瑞银, 罗晓容, 陈占坤, 等. 鄂尔多斯盆地埋藏演化史恢复[J]. 石油学报, 2006, 27(2): 43-47.
[33] 陈世加, 张纪智, 姚泾利, 等. 鄂尔多斯盆地华庆地区长 8 油藏局部油水分布复杂成因分析[J]. 石油实验地质, 2012, 34(3): 281-284.
[34] 陈中红, 王黎, 杨勇, 等. 济阳坳陷沾化凹陷古近系水化学场对湖盆演化的响应及其油气意义[J]. 古地理学报, 2009, 11(5): 551-560.

[35] 崔迎春, 李天太, 李天才, 等. 榆林气田山 2 气藏产水特征及其影响因素[J]. 油气地质与采收率, 2008, 15(6): 86-88.
[36] 单秀琴, 李剑, 胡国艺, 等. 利用流体包裹体分析和计算油气的充注史和古流体势——以鄂尔多斯盆地榆林地区上古生界为例[J]. 石油与天然气地质, 2007, 28(2): 159-165.
[37] 邓林, 汤磊, 康志宏, 等. 盆地三维古水动力数值模拟方法及其应用[J]. 石油勘探与开发, 2000, 27(1): 7-11.
[38] 窦伟坦, 刘新社, 王涛. 鄂尔多斯盆地苏里格气田地层水成因及气水分布规律[J]. 石油学报, 2010, 31(5): 767-773.
[39] 杜强, 胡伏生, 万力, 等. 鄂尔多斯北部盆地古流体动力场的演化特征[J]. 煤田地质与勘探, 2000, 28(6): 23-27.
[40] 樊爱萍, 赵娟, 杨仁超, 等. 苏里格气田东二区山 1 段、盒 8 段储层孔隙结构特征[J]. 天然气地球科学, 2011, 22(3): 482-487.
[41] 冯乔, 耿安松, 徐小蓉, 等. 鄂尔多斯盆地上古生界低压气藏成因[J]. 石油学报, 2007, 28(1): 33-37.
[42] 付广, 薛永超, 付晓飞. 油气运移输导系统及其对成藏的控制[J]. 新疆石油地质, 2001, 22(1): 24-26.
[43] 付金华. 鄂尔多斯盆地上古生界天然气成藏条件及富集规律[D]. 西安: 西北大学, 2004.
[44] 傅诚德主编. 鄂尔多斯深盆气研究[M]. 北京: 石油工业出版社, 2001.
[45] 傅家谟, 刘德汉. 天然气运移、储集及封盖条件[M]. 北京: 科学出版社, 1992.
[46] 傅锁堂, 席胜利, 魏新善, 等. 鄂尔多斯盆地东部上古生界成藏组合特征分析[J]. 低渗透油气田, 2006(03)8-11.
[47] 高星, 陈洪德, 朱平, 等. 苏里格气田西部盒 8 段储层成岩作用及其演化[J]. 天然气工业, 2009, 29(3): 17-20.
[48] 高星. 苏里格西部地区山 1、盒 8 段成岩作用及储层特征研究[D]. 成都: 成都理工大学, 2009.
[49] 管俊芳, 侯瑞云. 煤储层基质孔隙和割理孔隙的特征及孔隙度的测定方法[J]. 华北水利水电学院学报, 1999, 20(1): 23-27.
[50] 郭春华, 周文, 康毅力, 等. 靖边气田气井产水成因综合判断方法[J]. 天然气工业, 2007, 23(5): 23-27.
[51] 郭德运. 鄂尔多斯盆地东部上古生界沉积体系研究[D]. 西安: 西北大学, 2009.
[52] 郭秋麟, 李建忠, 陈宁生, 等. 四川合川-潼南地区须家河组致密砂岩气成藏模拟[J]. 石油勘探与开发, 2011, 38(4): 409-417.
[53] 过敏, 李仲东, 杜少林, 等. 杭锦旗地区上古生界地层水成因及其与油气的关系[J]. 矿物岩石, 2009, 29(1): 99-105.
[54] 何东博, 贾爱林, 田昌炳, 等. 苏里格气田储集层成岩作用及有效储集层成因[J]. 石油

勘探与开发，2004，31(3)：69-71.
[55] 侯明才，窦伟坦，陈洪德，等．鄂尔多斯盆地苏里格气田北部盒 8、山 1 段成岩作用及有利储层分布[J]．矿物岩石，2009，29(4)：66-74.
[56] 胡朝元，钱凯，王秀芹，等．鄂尔多斯盆地上古生界多藏大气田形成的关键因素及气藏性质的嬗变[J]．石油学报，2010，31(6)：879-884.
[57] 胡文瑞．开发非常规天然气是利用低碳资源的现实最佳选择[J]．天然气工业，2010，30(9)：1-8.
[58] 华保钦，林锡祥，杨小梅．鄂尔多斯盆地下古生界负压气藏及运移[J]．沉积学报，1994，11(2)：105-112.
[59] 贾爱林，唐俊伟，何东博，等．苏里格气田强非均质致密砂岩储层的地质建模[J]．中国石油勘探，2007 年，第 1 期：12-16.
[60] 江兴福，谷志东，赵容容，等．四川盆地环开江-梁平海槽飞仙关组地层水的地化特征及成因研究[J]．天然气勘探与开发，2009，32(1)：5-7.
[61] 姜振学，林世国，庞雄奇，等．两种类型致密砂岩气藏对比[J]．石油实验地质，2006，28(3)：210-214.
[62] 金文辉．苏西 48 区盒 8 段气水分布规律[D]．成都：成都理工大学，2010，61-65.
[63] 李会军，吴泰然，马宗晋．苏里格气田优质储层的控制因素[J]．天然气工业，2004，24(8)：10-16.
[64] 李建奇，李安琪，张振文，等．靖边气田马五 1+2 气藏相对富水区成因及开发[J]．天然气工业，2005，25(9)：89-91.
[65] 李军，赵靖舟，凡元芳，等．鄂尔多斯盆地上古生界准连续型气藏天然气运移机制[J]．石油与天然气地质，2013，34(5)：592-600.
[66] 李明诚．在油气初次运移研究中压实曲线的应用[J]．地球科学，1986，11(3)：309-314.
[67] 李明诚编著．石油与天然气运移[M]．3 版．北京：石油工业出版社，2004.
[68] 李明瑞，窦伟坦，蔺宏斌，等．鄂尔多斯盆地神木地区上古生界盖层物性封闭能力与石千峰组有利区域预测[J]．中国石油勘探，2006，23(5)：21-25.
[69] 李明瑞．鄂尔多斯盆地北部上古生界主要含气砂体沉积特征及储层控制因素研究[D]．成都：成都理工大学，2011.
[70] 李鹏春，刘春晓，张渊，等．塔中奥陶系地层水化学特征及其成因与演化[J]．石油与天然气地质，2007，28(6)：802-808.
[71] 李荣西，邸领军，席胜利．鄂尔多斯盆地米脂气田天然气逸散：流体包裹体证据[J]．中国科学 D 辑：地球科学，2007，37(增刊Ⅰ)：103-109.
[72] 李熙哲，冉启贵，杨玉凤．鄂尔多斯盆地上古生界盒 8 段—山西组深盆气压力特征[J]．天然气工业，2003，23(1)：126-127.
[73] 李熙喆，张满郎，谢武仁．鄂尔多斯盆地上古生界岩性气藏形成的主控因素与分布规律[J]．石油学报，2012，30(2)：168-175.

[74] 李贤庆，侯读杰，柳常青，等．地层流体化学成分与天然气藏的关系初探——以鄂尔多斯盆地中部大气田为例[J]．断块油气田，2002，9(5)：1-4.
[75] 李贤庆，侯读杰，柳常青，等．鄂尔多斯中部气田下古生界水化学特征及天然气藏富集区判识[J]．天然气工业，2002，22(4)：10-14.
[76] 李小强，赵彦超．东濮凹陷柳屯洼陷盐湖盆地超压成因[J]．石油与天然气地质，2012，33(5)：686-694.
[77] 李艳霞，赵靖舟，李净红．鄂尔多斯盆地东部上古生界气藏成藏史[J]．兰州大学学报(自然科学版)，2011，47(3)：29-34.
[78] 李艳霞，赵靖舟，刘新社，等．鄂尔多斯盆地东部上古生界不同含气组合天然气地球化学特征[J]．石油实验地质，2012，34(1)：71-77.
[79] 李仲东，过敏，李良，等．鄂尔多斯盆地北部塔巴庙地区上古生界低压力异常及其与产气性的关系[J]．矿物岩石，2006，26(4)：48-53.
[80] 李仲东，张哨楠，李良，等．鄂尔多斯盆地上古生界压力演化及成藏过程分析[J]．中国科技论文在线，2008，3(11)：841-848.
[81] 林耀庭，熊淑君．氢氧同位素在四川气田地层水中的分布特征及其成因分类[J]．海相油气地质，1999，4(4)：39-45.
[82] 刘成林．鄂尔多斯盆地苏里格气田天然气储层与输导体系研究[D]．北京：中国石油大学(北京)，2004.
[83] 刘方槐，颜婉荪．油气田水文地质学原理[M]．北京：石油工业出版社，1991.
[84] 刘建章，陈红汉，李剑，等．鄂尔多斯盆地伊-陕斜坡山西组 2 段包裹体古流体压力分布及演化[J]．石油学报，2008，29(2)：226-230.
[85] 刘孝汉，王欣，董钢，等．鄂尔多斯盆地上古生界气水分布和地层压力[J]．低渗透油气田，1998，3(2)：32-36.
[86] 刘孝汉，王欣．鄂尔多斯盆地上古生界气水分布和地层压力[J]．天然气工业，1998，3(2)：32-36.
[87] 刘新社，周立发，侯云东．运用流体包裹体研究鄂尔多斯盆地上古生界天然气成藏[J]．石油学报，2007，28(6)：37-41.
[88] 刘新社．鄂尔多斯盆地东部上古生界岩性气藏形成机理[D]．西安：西北大学，2008.
[89] 柳广弟，李剑，李景明，等．天然气成藏过程有效性的主控因素与评价方法[J]．天然气地球科学，2005，16(1)：1-6.
[90] 楼章华，程军蕊，金爱民．沉积盆地地下水动力场特征研究—以松辽盆地为例[J]．沉积学报，2006，24(2)：193-201.
[91] 楼章华，朱蓉，金爱民，等．沉积盆地地下水与油气成藏-保存关系[J]．地质学报，2009，83(8)：1188-1194.
[92] 吕延防，付广，于丹．中国大中型气田盖层封盖能力综合评价及其对成藏的贡献[J]．石油与天然气地质，2005，26(6)：742-753.

[93] 马新华，王涛，庞雄奇，等．深盆气藏的压力特征及成因机理[J]．石油学报，2002，23(5)：23-27.
[94] 马新华．鄂尔多斯盆地上古生界深盆气特点与成藏机理探讨[J]．石油与天然气地质，2005，26(2)：230-236.
[95] 马艳萍，刘池洋，赵俊峰，等．鄂尔多斯盆地东北部砂岩漂白现象与天然气逸散的关系[J]．中国科学D辑：地球科学，2007，37(增刊Ⅰ)：127-138.
[96] 闵琪，付金华，席胜利，等．鄂尔多斯盆地上古生界天然气运移聚集特征[J]．石油勘探与开发，2000，27(4)：26-29.
[97] 任战利，张盛，高胜利，等．鄂尔多斯盆地热演化程度异常分布区及形成时期探讨[J]．地质学报，2006，80(5)：674-684.
[98] 任战利．鄂尔多斯盆地热演化史与油气关系的研究[J]．石油学报，1996，17(1)：17-24.
[99] 孙向阳．沉积盆地中地层水化学特征及其地质意义[J]．天然气勘探与开发，2001，24(4)：47-53.
[100] 唐泽尧．气田开发地质(一)[M]．北京：石油工业出版社，1997.
[101] 陶一川，范土芝，陈义贤，等．辽河西部凹陷超压带的分布及某些初步认识[J]．地球科学，1986，11(3)：315-322.
[102] 陶一川．油气运移聚集的流体动力学机理问题[J]．石油与天然气地质，1983，4(3)：255-267.
[103] 田世澄，李纯菊．泌阳凹陷孔隙流体压力及油气运移特征[J]．地球科学，1986，11(3)：323-327.
[104] 王飞雁，魏新善，王怀厂．鄂尔多斯盆地上古生界古压力分布特征及其压力降低原因浅析[J]．低渗透油气田，2004，9(1)：10-14.
[105] 王国茹．鄂尔多斯盆地北部上古生界物源及层序岩相古地理研究[D]．成都：成都理工大学，2011.
[106] 王建麾，李仲东，过敏，等．杭锦旗地区上古生界地层水成因[J]．新疆石油地质，30(1)：65-67.
[107] 王若谷，李积海，何太洪，等．苏里格东区苏77、召51井区山西组—下石盒子组沉积微相及气水分布规律研究[J]．地下水，2013，35(1)：26-28.
[108] 王世艳，罗群，宋子学，等．鄂尔多斯盆地苏里格盒8段深盆气藏含水层成因及其物理模拟[J]．石油与天然气地质，2007，28(3)：413-418.
[109] 王庭斌．中国天然气储产量快速增长的主要因素[J]．石油勘探与开发，2009，36(3)：290-296.
[110] 王晓梅，王震亮．鄂尔多斯盆地中生界地下水动力系统[J]．石油与天然气地质，2008，29(4)：479-484.
[111] 王晓梅，赵靖舟，刘新社，等．鄂尔多斯盆地东部上古生界现今地层压力分布特征及成

因[J]. 石油与天然气地质, 2013, 34(5): 646-651.
[112] 王晓梅, 赵靖舟, 刘新社, 等. 苏里格地区致密砂岩地层水赋存状态和产出机理探讨[J]. 石油实验地质, 2012, 34(4): 400-405.
[113] 王晓梅, 赵靖舟, 刘新社, 等. 苏里格气田西区致密砂岩储层地层水分布特征[J]. 石油与天然气地质, 2012, 33(5): 802-810.
[114] 王运所, 许化政, 王传刚, 等. 鄂尔多斯盆地上古生界地层水分布与矿化度特征[J]. 石油学报, 2010, 31(5): 748-761.
[115] 王震亮, 陈荷立. 神木-榆林地区上古生界流体压力分布演化及对天然气成藏的影响[J]. 中国科学D辑: 地球科学, 2007, 37(增刊Ⅰ): 49-61.
[116] 王震亮, 张立宽, 孙明亮, 等. 鄂尔多斯盆地神木-榆林地区上石盒子组—石千峰组天然气成藏机理[J]. 石油学报, 2004, 25(3): 37-43.
[117] 王震亮. 改造型盆地流体动力学的发育特点[J]. 石油与天然气地质, 2000, 21(1): 24-27.
[118] 王震亮. 盆地流体动力学及油气运移研究进展[J]. 石油实验地质, 2002, 24(2): 99-103.
[119] 席胜利, 李文厚, 魏新善, 等. 鄂尔多斯盆地上古生界两大气田不同石英砂岩储层特征对比研究[J]. 沉积学报, 2009, 27(6): 221-229.
[120] 夏崇双. 不同类型有水气藏提高采收率的途径和方法[J]. 天然气工业, 2002, 22(增刊): 73-77.
[121] 夏新宇, 宋岩. 沉降及抬升过程中温度对流体压力的影响[J]. 石油勘探与开发, 2005, 28(3): 8-11.
[122] 邢正岩, 陶国秀, 许坚. 透镜状“水包油”特殊岩性油藏[J]. 石油勘探与开发, 2000, 27(6): 58-59.
[123] 许浩, 张君峰, 汤达祯, 等. 鄂尔多斯盆地苏里格气田低压形成的控制因素[J]. 石油勘探与开发, 2012, 39(1): 64-68.
[124] 严卫宏. 鄂尔多斯盆地西北部上古生界沉积体系与层序地层学研究[D]. 西安: 西北大学, 2002.
[125] 杨华, 刘新社, 孟培龙. 苏里格地区天然气勘探新进展[J]. 天然气工业, 2011, 31(2): 1-8.
[126] 杨华, 付金华, 刘新社, 等. 鄂尔多斯盆地上古生界致密气成藏条件与勘探开发[J]. 石油勘探与开发, 2012, 39(3): 295-303.
[127] 杨俊杰, 李克勤, 张东生, 等. 中国石油地质志, 12卷, 长庆油田[M]. 北京: 石油工业出版社, 1992.
[128] 杨俊杰. 鄂尔多斯盆地构造演化与油气分布规律[M]. 北京: 石油工业出版社, 2002.
[129] 杨露. 子洲地区山西组2段气藏储集层流体分布特征研究[D]. 成都: 成都理工大学, 2009.

[130] 杨胜来，魏俊之．油层物理学[M]．北京：石油工业出版社，2008：117.
[131] 杨绪充．论含油气盆地地下水动力环境[J]．石油学报，1989，10(4)：27-34.
[132] 叶成林，王国勇，何凯，等．苏里格气田储层宏观非均质性——以苏53区块石盒子组8段和山西组1段为例[J]．石油与天然气地质，2011，32(2)：236-244.
[133] 于轶星，王震亮．松辽盆地南部致密砂岩储层油气成藏期次研究[J]．断块油气田，2011，18(2)：203-206.
[134] 袁际华，柳广弟．鄂尔多斯盆地上古生界异常低压分布特征及形成过程[J]．石油与天然气地质，2005，26(6)：792-799.
[135] 张海涛，时卓，任战利，等．鄂尔多斯盆地苏里格气田盒8气藏含水特征及气水分布主控因素分析[J]．现代地质，2011，25(5)：931-937.
[136] 张建林，陶一川，陈荣书，等．塔里木盆地北部油气田水文地质及水文地球化学特征[J]．地球科学—中国地质大学学报，1995，20(3)：349-354.
[137] 张金川，金之钧，袁明生，等．基于运移动力暂时平衡条件下的运移气[J]．天然气工业，2001，22(5)：101-103.
[138] 张金川，唐玄，边瑞康，等．游离相天然气成藏动力连续方程[J]．石油勘探与开发，2008，35(1)：73-79.
[139] 张金川，张杰．深盆气成藏平衡原理及数学描述[J]．高校地质学报，2003，9(3)：458-466.
[140] 张金川．从“深盆气”到“根缘气”[J]．天然气工业，2006，26(2)：46-48.
[141] 张琴，汪宗余，王广源，等．永安地区地层水成因分析及与油气的关系[J]．石油天然气学报，2009，31(2)：174-178.
[142] 张文忠，林文姬，赵广民．苏里格气田石盒子组地层水特征与天然气聚集[J]．新疆石油天然气，2008，4(3)：1-8.
[143] 张文忠．苏里格地区上古生界气田异常低压成因研究[D]．北京：中国地质大学(北京)，2009.
[144] 张小莉，查明，赫拴柱，等．渤海湾盆地廊固凹陷地层水化学纵向分带性与油气富集[J]．石油实验地质，2006，28(2)：187-195.
[145] 张宗峰，查明，高长海．大港油田埕北断阶区地层水化学特征与油气成藏[J]．石油与天然气地质，2009，30(3)：268-274.
[146] 赵靖舟，曹青，王晓梅，等．鄂托克旗地区盒8、山1段天然气成藏富集规律与勘探目标评价选[R]．西安：西安石油大学，2010.
[147] 赵靖舟，付金华，姚泾利，等．鄂尔多斯盆地准连续型致密砂岩大气田成藏模式[J]．石油学报，2012年，33(增刊Ⅰ)：37-52.
[148] 赵靖舟，李军，曹青，等．论致密大油气田成藏模式[J]．石油与天然气地质，2013，34(5)：573-583.
[149] 赵靖舟，李艳霞，王晓梅，等．鄂尔多斯盆地东部上古生界多层系天然气成藏机理与有

利勘探目标优选[R]. 西安：西安石油大学，2007.
[150] 赵靖舟，王晓梅，曹青，等. 鄂尔多斯盆地上古生界低渗透储层气、水分布规律[R]. 西安：西安石油大学，2010.
[151] 赵克斌，刘崇禧，李伟. 含油气盆地水文地球化学规律[J]. 石油实验地质，2008，30(2)：154-161.
[152] 赵忠新，王华，郭齐军，等. 油气输导体系的类型及其输导性能在时空上的演化分析[J]. 石油实验地质，2002，24(6)：527-532.
[153] 周德志. 束缚水饱和度与临界水饱和度关系的研究[J]. 油气地质与采收率，2006，13(6)：81-83.
[154] 朱蓉，楼章华，金爱民，等. 鄂尔多斯盆地上古生界深盆气藏流体动力学特征及成藏过程分析[J]. 地质科学，2003，38(1)：31-43.
[155] 朱蓉，楼章华，云露，等. 塔河油田奥陶系油藏地层水赋存分布[J]. 地质科学，2008，43(2)：228-237.
[156] 朱筱敏，刘成林，曾庆猛，等. 我国典型天然气藏输导体系研究——以鄂尔多斯盆地苏里格气田为例[J]. 石油与天然气地质，2005，26(6)：724-729.
[157] 朱亚东，王允诚，童孝华. 苏里格气田盒8段气藏富水层的识别与成因[J]. 天然气工业，2008，28(4)：46-48.
[158] 邹才能，陶士振，袁选俊，等. 连续型油气藏形成条件与分布特征[J]. 石油学报，2009，30(3)：324-331.
[159] 邹才能，陶士振，朱如凯，等."连续型"气藏及其大气区形成机制与分布—以四川盆地上三叠统须家河组煤系大气区为例[J]. 石油勘探与开发，2009，36(3)：307-319.